# Le GRAND LIVRE des EXPÉRIENCES STUPÉFIANTES de TOM TIT

# Le GRAND LIVRE des EXPÉRIENCES STUPÉFIANTES de TOM TIT

100 EXPÉRIENCES DE PHYSIQUE,
D'OPTIQUE ET D'ÉLECTRICITÉ,
AUSSI ÉTONNANTES QU'ÉPOUSTOUFLANTES !

LAROUSSE
21, rue du Montparnasse 75283 Paris Cedex 06

**Direction du département Dictionnaires et Encyclopédies**
Carine Girac-Marinier

**Direction éditoriale**
Claude Nimmo

**Édition**
Mathilde Majorel

**Direction artistique**
Uli Meindl

**Mise en pages**
Christelle Defretin

**Informatique éditoriale**
Dalila Abdelkader, Philippe Cazabet, Aurélie Prissette

**Fabrication**
Marlène Delbeken

**Illustrations**
Archives Larousse

Remerciements à Juliette Deplage, Manon Fargeat et Sophie Petitprêtre


ISBN 978-2-03-594723-9

# SOMMAIRE

# PRÉFACE

En 1890, la Librairie Larousse édite le premier tome de la Science amusante. Il sera bientôt suivi d'un deuxième (1891) et d'un troisième (1893) volume. La publication connaît immédiatement un grand succès (40 000 exemplaires sont écoulés en moins de 4 ans) et s'exporte avec des traductions en langues anglaise, danoise, tchèque, allemande, flamande, italienne, grecque, espagnole...

De quoi s'agit-il exactement ? L'ouvrage rassemble une série d'articles publiés chaque semaine dans le journal *l'Illustration*. Ces textes, accompagnés des illustrations de Louis Poyet, avaient d'abord paru dans *la Nature*, la « revue des sciences et de leurs applications aux arts et à l'industrie » (dirigée alors par Gaston Tissandier, aéronaute, chimiste et physicien de formation).

Qui en est l'auteur ? Arthur Good (1853-1928), ingénieur, ancien élève de l'École centrale des arts et manufactures, est un passionné de sciences et d'inventions. En parallèle de son activité professionnelle, il collabore, le plus souvent sous le pseudonyme de Tom Tit, à diverses revues, qu'il dirige parfois *(le Chercheur, Revue des nouveautés)*. C'est un homme de son temps, qui partage avec certains de ses contemporains un désir de diffuser au plus grand nombre les connaissances et découvertes scientifiques dont le XIXe siècle est l'initiateur. Aussi écrit-il dans son introduction : *« Parmi les expériences contenues dans ce livre, [certaines], d'un caractère vraiment scientifique, ont pour but d'initier le lecteur à l'étude de la physique, cette science merveilleuse à laquelle nous devons la découverte de la vapeur, du téléphone, et qui nous réserve, pour demain peut-être, de nouvelles surprises »* (auriez-vous pu imaginer, cher Arthur Good, la virtualité de notre monde numérique ?).

Le fond est sérieux, mais la forme doit être ludique. On s'adresse au public familial – *« [certaines expériences] sont de simples jeux destinés à récréer parents et enfants, lorsqu'ils sont réunis le soir autour de la table de famille »* – et, en priorité, aux jeunes. Arthur Good dédicace Ie premier ouvrage à son fils, et lui en donne le mode d'emploi : *« Toutes ces expériences, qu'elles soient simples ou compliquées, n'exigent aucun appareil spécial, et par suite, aucune dépense ; notre laboratoire improvisé se compose, en effet, comme tu le sais, d'ustensiles de cuisine, de bouchons, d'allumettes, etc., objets que nous avons tous sous la main. »*

Il nous faut préciser que, de nos jours, certains de ces objets (couteaux, épingles, pointes) ne doivent pas être manipulés par des enfants sans la surveillance d'adultes. Le lecteur doit en tenir compte. De même, l'une des expériences utilisant une cigarette (mais pour la faire fumer à un verre de lampe !), nous déconseillons de la réaliser en présence d'enfants.

Si cette édition n'est pas un fac-similé, elle respecte malgré tout au mieux le texte d'origine et son style un peu désuet. Toutefois, quelques modifications ont été apportées : suppression des références à d'autres ouvrages, application de normes typographiques, ajout de dessins et d'intertitres.

Le lecteur trouvera la description d'un monde ancien (qui, parfois, peut choquer sur le sujet des rapports sociaux). Il découvrira un quotidien fait de sous, de pièces de 5 francs en or, de cloches à fromage en verre, de rats-de-cave, de balais tête-de-loup, de papier à chocolat, une société où l'hiver se passe forcément près d'un feu de cheminée, où, dans sa cuisine, une cuisinière travaille, munie en permanence de sa cuillère à pot (notre louche actuelle).

En découvrant ces textes, quelques questions nous taraudent : combien d'assiettes ont été cassées, combien de verres ont été brisés pour réaliser certaines expériences ? Nous avons peu de chance d'obtenir des réponses… et peu importe ! Laissons le charme opérer, laissons-nous porter dans un univers fascinant, qui captive jeunes et moins jeunes depuis plus d'un siècle et forme un pont entre la science naissante du XIX$^{e}$ siècle et celle d'aujourd'hui.

# PROPRIÉTÉS GÉNÉRALES DES CORPS

# LE SOU PERCÉ AVEC UNE AIGUILLE

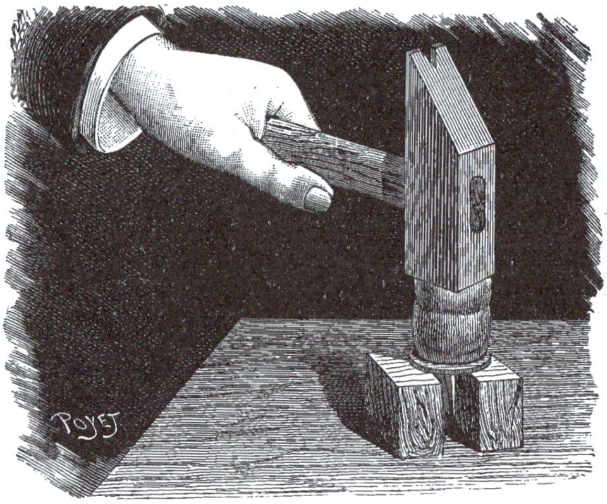


PERCER UN SOU AVEC UNE AIGUILLE PEUT SEMBLER TOUT D'ABORD, SURTOUT SI L'AIGUILLE EST FINE, UN PROBLÈME INSOLUBLE. C'EST CEPENDANT BIEN SIMPLE.

Il suffit d'introduire l'aiguille dans un bouchon, d'en faire saillir légèrement la pointe, et de couper, avec des tenailles, la partie de la tête qui dépasserait de l'autre côté.

Frappez alors vigoureusement sur le bouchon avec un marteau, après avoir disposé le sou et le bouchon comme l'indique notre dessin, ou posé simplement le sou sur une planche de bois tendre.

L'aiguille, ne pouvant fléchir dans aucun sens, grâce au bouchon qui la guide d'une façon rigide, traversera le sou ou toute autre pièce de monnaie de même épaisseur avec la plus grande facilité, puisque nous savons que l'acier dont se compose l'aiguille est plus dur que le bronze du sou.

**Note**

**Voici un tableau indiquant la dureté des métaux usuels par rapport à la fonte grise :**

| | | | |
|---|---|---|---|
| Fonte grise | 1.000 | Aluminium | 271 |
| Acier | 958 | Argent | 208 |
| Fer forgé | 948 | Zinc | 183 |
| Platine | 375 | Or | 167 |
| Cuivre | 301 | Étain | 27 |
| | | Plomb | 16 |

# LA CLOCHE À PLONGEUR

LORSQUE NOUS DESCENDONS UN VERRE RENVERSÉ DANS L'EAU, NOUS NOUS APERCEVONS QUE LE NIVEAU DE L'EAU DANS LE VERRE EST BIEN AU-DESSOUS DU NIVEAU DE L'EAU EXTÉRIEURE.

Ce phénomène très connu va nous permettre de donner une amusante démonstration du fonctionnement de la cloche à plongeur, sous laquelle les ouvriers, bien qu'ils soient au-dessous du niveau de l'eau, peuvent respirer et travailler à leur aise.

Pour rendre l'expérience visible à tous vos spectateurs, disposez-la comme nous allons vous l'indiquer. Le vase contenant l'eau sera une cloche à fromage renversée, et supportée par un bocal à cornichons, dans l'ouverture duquel pénétrera le bouton de la cloche. Vous aurez ainsi un vase transparent permettant de voir ce qui se passe à l'intérieur.

Si vous descendez maintenant un verre renversé dans cette eau, vous constaterez que le niveau de l'eau dans le verre est bien au-dessous du niveau extérieur.

## Complètement sec

En vous appuyant sur ce principe, vous pouvez maintenant proposer l'expérience suivante : *faire descendre un morceau de sucre au fond de l'eau, sans le mouiller*.

Il vous suffira de poser le sucre sur le milieu d'un bouchon à moutarde et de coiffer ce bouchon avec le verre renversé ; descendez le verre bien verticalement, pour empêcher le bouchon de faire la culbute, et maintenez le bord du verre au fond du vase pendant tout le temps qu'on le désirera.

En remontant ensuite le verre, et par suite le sucre et son support, vous retirerez le morceau de sucre complètement sec, l'air contenu dans le verre ayant empêché l'eau de venir en contact avec lui.

**Remarque**

Au lieu du bouchon et du morceau de sucre, vous pouvez introduire sous le verre retourné une ou deux mouches vivantes, qui, en voltigeant dans l'air contenu dans le verre, vous prouveront qu'elles ne se sentent nullement incommodées.
Pour les cloches à plongeur travaillant à de grandes profondeurs, l'air à la pression ordinaire ne serait pas suffisant pour empêcher l'entrée de l'eau ; on est forcé de le comprimer à une pression d'autant plus forte que la profondeur est plus grande.

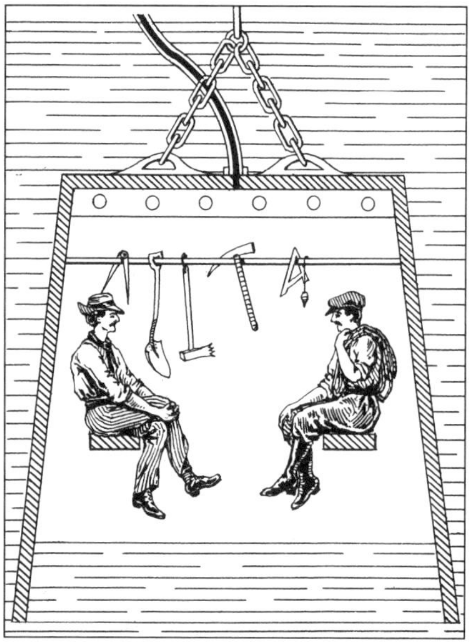

# L'ALLUMETTE PLIÉE

PLIEZ EN DEUX UNE ALLUMETTE ORDINAIRE, CE QUI LA BRISE PARTIELLEMENT, LES DEUX PARTIES NE TENANT PLUS L'UNE À L'AUTRE QUE PAR QUELQUES FIBRES DU BOIS.

Placez-la, ainsi pliée, sur le goulot d'une bouteille ; mettez sur l'allumette une pièce de 50 centimes*. Proposez alors à l'assistance de faire tomber la pièce dans la bouteille sans toucher ni à la pièce, ni à l'allumette, ni à la bouteille.

## Du bois qui travaille

Vous verrez que l'on cherchera longtemps, sans la trouver, la solution, qui est pourtant bien simple et que voici : trempez votre doigt dans un verre d'eau, et, en le plaçant au-dessus de l'angle formé par l'allumette, laissez tomber sur cet angle une ou deux gouttes de liquide.

Aussitôt les fibres du bois, gonflées par l'humidité, tendent à se redresser, et vous verrez l'angle de l'allumette s'ouvrir petit à petit jusqu'à ce que, l'allumette ne supportant plus la pièce de monnaie, celle-ci tombe dans la bouteille. Ce n'est pas plus malin que ça !

* Vérifier que la pièce de nos 50 centimes d'euros peut entrer dans le goulot de la bouteille choisie ; sinon, prendre une pièce d'un diamètre plus petit *(note de la nouvelle édition)*.

# LA MACHINE INFERNALE

Figure 1 : les préparatifs

Choisissez cinq longs cure-dents en bois, bien droits et sans défauts. Deux d'entre eux seront posés en croix sur la table ; un troisième, posé par-dessus, suivant la ligne médiane de l'X ainsi formé ; quant aux deux autres, ils seront placés perpendiculairement aux extrémités de cette ligne médiane, les deux bouts de ces transversales passant *sous* les bouts des deux branches de l'X, tandis que leur milieu passera *sur* la médiane.

Cette dernière sera ainsi courbée légèrement, et, grâce à son élasticité, les transversales seront assez serrées contre les autres tiges pour que l'ensemble se tienne sans se déformer. Il est bon de se mettre à deux personnes pour réussir facilement cette petite construction.

## Une scène d'envoûtement

Il s'agit maintenant de renouveler, en la modernisant, une scène de l'envoûtement au Moyen Âge, cérémonie dans laquelle on pratiquait, à l'aide d'une aiguille, sur une image en cire représentant la personne à qui l'on voulait du mal, des blessures dont elle était censée souffrir elle-même.

Notre personnage aura pour corps un bouchon et pour membres des allumettes ; la tête, en mie de pain, reproduira, autant que votre talent vous le permettra, les traits de la personne que vous détestez le plus et dont vous seriez bien aise d'être débarrassé (notre dessin représente un diable, pour éviter toute personnalité blessante).

Posez l'appareil sur le goulot d'une bouteille ou le pied d'un verre retourné ; mettez votre ennemi à cheval sur l'extrémité de la tige médiane, et allumez la mèche… Je veux dire : enflammez l'un des coins de la machine infernale, comme l'indique la figure 1.

La figure 2 vous indique le résultat de l'explosion qui se produit aussitôt : le feu ayant détruit l'extrémité d'une des tiges, tout se disloque, et la tige centrale, qui était bandée comme un ressort, se détend subitement, projetant en l'air les membres épars de votre malheureux ennemi.

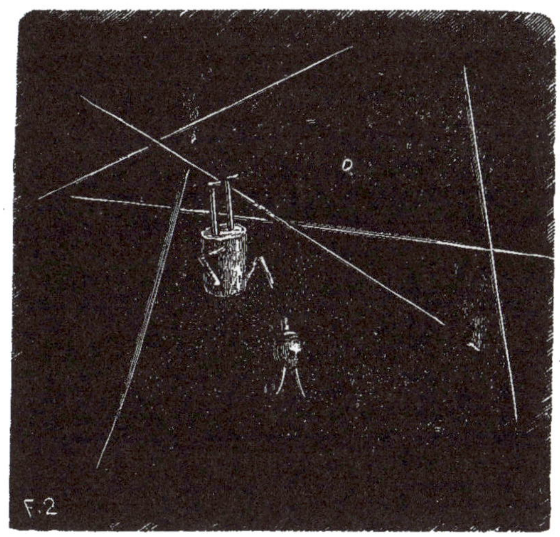


**Figure 2 : le résultat**

# LE PENDU SANS CORDE

Faites tremper un fil dans de l'eau fortement salée, faites-le sécher, et cela deux ou trois fois de suite. Cette préparation doit se faire en secret, et vous présentez au public votre fil, qui a toute l'apparence d'un fil ordinaire.

Suspendez-y une bague, en la choisissant la plus légère possible ; mettez le feu au fil, qui brûlera d'un bout à l'autre, et les spectateurs seront surpris de voir la bague rester suspendue à la cendre résultant de cette combustion. En réalité, la partie fibreuse du fil a été brûlée ; mais il reste un petit tube de sel assez solide pour que, si l'on opère à l'abri des courants d'air, la bague s'y maintienne suspendue.

## Un œuf suspendu

Cette expérience, qui est connue sous le nom du *pendu sans corde*, peut être variée de la manière suivante : attachez quatre bouts de fil aux quatre coins d'un petit rectangle de mousseline, de façon à faire une sorte de hamac ; faites tremper le tout dans de l'eau salée, puis mettez à sécher, en recommençant trois ou quatre fois ces deux opérations.

Une fois le fil et la mousseline bien imbibés de sel et parfaitement secs, placez un œuf vide dans le hamac après l'avoir suspendu, comme l'indique la figure. Mettez le feu au hamac ; il flambera, ainsi que les quatre fils ; et si l'expérience a été bien préparée, votre œuf doit rester suspendu, au grand étonnement de l'assistance.

# PLONGER SA MAIN DANS L'EAU SANS LA MOUILLER

DANS UN VASE PLEIN D'EAU, JETEZ UNE PIÈCE DE MONNAIE, UNE BAGUE OU TOUT AUTRE OBJET, ET ANNONCEZ QUE VOUS ALLEZ RETIRER CET OBJET AVEC VOTRE MAIN, SANS QUE CELLE-CI SOIT mouillée. Il suffit pour cela de saupoudrer la surface du liquide avec un corps pulvérisé n'ayant aucune cohésion avec l'eau et, par conséquent, que l'eau ne mouille pas. La poudre de lycopode (lycopode en massue), que vous trouverez chez tous les pharmaciens, jouit de cette propriété.

## Les plumes des canards

Après avoir projeté un peu de cette poudre sur le liquide, plongez-y hardiment votre main jusqu'au fond, retirez la bague et montrez à l'assistance que votre main est aussi sèche qu'auparavant.

Cela tient à ce que la poudre de lycopode a fait à votre main un véritable *gant*, sur lequel le liquide n'a eu aucune action, de même qu'il n'en a aucune sur les plumes des canards que nous voyons plonger et replonger dans l'eau et en ressortir absolument secs, à cause de la graisse spéciale sécrétée par leurs plumes.

# PESANTEUR

## Chute des corps



## Balance



## Centre de gravité – Équilibre des corps

## Équilibre du corps humain

# LA POIRE COUPÉE

COMMENT FAIRE POUR PLACER LE COUTEAU SOUS LA POIRE ASSEZ EXACTEMENT POUR QUE CELLE-CI, SUSPENDUE AU PLAFOND LE PLUS HAUT POSSIBLE, VIENNE SE COUPER EN DEUX SUR LA LAME DÈS qu'on a brûlé le fil auquel elle est attachée ?

Il n'est pas besoin pour cela du fil à plomb ; il nous suffira de tremper la poire dans un verre d'eau que nous retirerons aussitôt : quelques gouttes du liquide, se détachant de la poire, tomberont en un même point de la table ou du plancher, point que nous marquerons soigneusement.

Ces préparatifs doivent être faits dans le secret, de telle sorte que les personnes qui arrivent ensuite trouvent la poire suspendue, sans connaître l'artifice de la goutte d'eau.

## Fendue en deux ou en quatre

Au moment voulu, vous mettez le couteau à la place que vous avez marquée, et la poire vient infailliblement se couper en deux sur la lame.

Vous pouvez aussi disposer l'expérience comme l'indique la figure, et trouver par tâtonnements, en faisant tomber de la poire plusieurs gouttes d'eau, à quel point exact les deux couteaux doivent se croiser. La poire se coupera alors en quatre morceaux, que vous recueillerez dans un plateau placé au-dessous des couteaux.

**Remarque**

Cette expérience nous démontre que tous les corps, liquides et solides, tombent suivant une *ligne verticale*, qui est celle du fil à plomb, perpendiculaire à la surface des eaux tranquilles, qui est dite *horizontale*.

Si la poire est suspendue très haut, ce qui rend l'allumage du fil plus difficile, on peut brûler celui-ci au moyen d'un rat-de-cave* attaché au bout d'une canne à pêche ou d'un long bâton ; on peut encore laisser pendre le bout du fil jusqu'à la portée de la main de l'opérateur. Celui-ci allume l'extrémité de ce fil, et la flamme monte jusqu'au fil de suspension, qui se trouve coupé sans aucun ébranlement.

* Bougie mince et longue, enroulée sur elle-même, dont on se sert pour éclairer une cave *(note de la nouvelle édition)*.

# LA BALANCE EN FICELLE

VOICI LA MANIÈRE DE FABRIQUER UNE EXCELLENTE BALANCE AVEC UN BOUT DE FICELLE DE N'IMPORTE QUELLE GROSSEUR. PLANTEZ DEUX CLOUS ESPACÉS D'UN MÈTRE SUR LE BORD d'une planche horizontale. Suspendez-y, par ses extrémités, un bout de ficelle de 1,50 m de longueur, au milieu de laquelle vous aurez fait un gros nœud, bien visible.

Un calendrier coupé en deux vous fournira les deux plateaux, que vous suspendrez par quatre ficelles à la corde principale, de part et d'autre du nœud, et chacun à 25 centimètres de celui-ci. La partie centrale de la ficelle portant le nœud prendra alors une position horizontale, et aura 50 centimètres de longueur.

Placez un papier fort ou un morceau de carton derrière cette partie horizontale, et marquez-y par une flèche la position du nœud lorsque votre balance est au repos.

## Poulet à peser

Si vous chargez l'un des plateaux avec un corps quelconque, un poulet, par exemple, l'équilibre est rompu, et, la partie centrale de la ficelle prenant une position plus ou moins oblique, le nœud ne se trouve plus en face de la flèche servant de repère.

Pour l'y ramener, vous devez mettre dans l'autre plateau des poids gradués, et, lorsque l'équilibre sera rétabli et le nœud exactement en face de la flèche, la somme des poids mis dans le plateau vous fera connaître le poids de votre poulet.

Ce genre de balance peut se construire avec un fil, une grosse corde ou même une chaîne, selon le poids des objets à peser ; elle est extrêmement sensible, et suffisamment exacte pour peser les provisions dans un ménage.

# LA BALANCE ROMAINE

La balance de cuisine dont vous voyez le modèle permet de peser sans poids, à l'aide d'une cuiller à pot, formant à la fois le fléau et le plateau de l'appareil, et d'une écumoire, remplaçant le poids mobile.

Une fourchette en fer repose par deux de ses pointes sur deux aiguilles plantées verticalement dans le bouchon d'une bouteille ; l'autre bout de la fourchette est maintenu dans le crochet de la cuiller à pot au moyen d'un petit morceau de bouchon.

L'écumoire est accrochée au manche de la cuiller, et on la fait glisser le long de ce manche jusqu'à ce que, l'appareil étant au repos, le manche soit horizontal, ce dont on s'assure en se repérant sur une ligne horizontale tracée sur le mur.

## Balance de dépannage

On marque avec de l'encre le trait d'affleurement de l'écumoire sur le manche de la cuiller et l'on y inscrit 0. Puis on place au centre de la cuiller un poids de 1 kilogramme, qui force, pour rétablir l'équilibre, à faire glisser l'écumoire sur le fléau.

On marque un trait correspondant à 1 kilogramme sur la face supérieure de ce fléau, et l'on divise en dix parties égales la distance entre les deux traits 0 et 1 ; on porte ensuite à droite et à gauche des divisions égales correspondant toutes à des différences de poids de 100 grammes, et notre romaine étant ainsi graduée, la cuisinière pourra s'en servir pour vérifier le poids de son beurre ou de son sucre.

Je n'ose pas recommander l'appareil à titre de balance de précision ; mais, pour des pesées approximatives comme celles qui se font en cuisine ou en pâtisserie, il pourrait peut-être, à défaut d'autre balance, rendre quelques services.

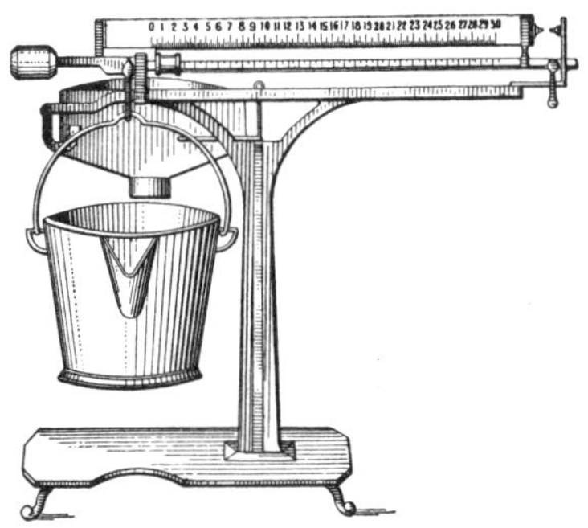

# L'ŒUF DEBOUT SUR LA BOUTEILLE

PLANTEZ DANS UN BOUCHON, DE PART ET D'AUTRE, DEUX FOURCHETTES DE POIDS ÉGAL ; ÉVIDEZ LÉGÈREMENT L'EXTRÉMITÉ INFÉRIEURE DE CE BOUCHON, DE MANIÈRE QU'ELLE S'APPLIQUE exactement sur l'un des bouts de l'œuf ; posez l'autre bout sur le bord d'une bouteille, en maintenant l'œuf bien verticalement ; après quelques tâtonnements, vous constaterez que l'ensemble se tient en équilibre, par suite de l'abaissement du centre de gravité.

# PERCER UNE ÉPINGLE AVEC UNE AIGUILLE

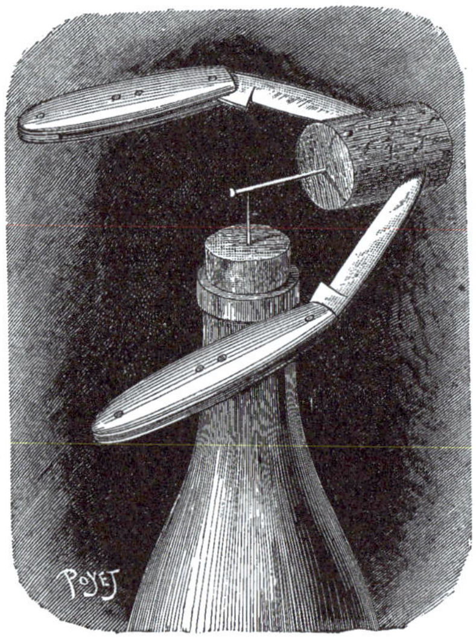

L'ÉPINGLE EST FIXÉE À UN BOUCHON DANS LEQUEL SONT ENFONCÉS DE PART ET D'AUTRE DEUX CANIFS DE MÊME POIDS (DANS LE CAS OÙ LES DEUX CANIFS SERAIENT DE POIDS DIFFÉRENTS, ON FERAIT varier l'ouverture de leurs lames). Posez la tête de l'épingle sur le bout de votre doigt, et assurez-vous, en déplaçant les canifs par tâtonnements, que l'épingle se tient horizontale.

Placez-la alors sur la pointe d'une aiguille dont la tête aura été enfoncée dans le bouchon d'une bouteille. En soufflant sur le bouchon qui porte les canifs, vous mettez le système en mouvement, et il tournera sur la pointe de l'aiguille. De plus, l'aiguille étant plus dure que l'épingle, qui est en cuivre, elle arrivera au bout d'un certain temps à percer un petit trou dans cette épingle, et même, si l'expérience est suffisamment prolongée, à la traverser complètement.

**Remarque**

Cette curieuse disposition est une variante de l'expérience dite du *tourniquet*, dans laquelle l'épingle est verticale, et le bouchon équilibré par deux fourchettes obliques. On pose la tête de l'épingle non plus sur la pointe d'une aiguille, mais sur une pièce de monnaie horizontale placée sur le goulot de la bouteille.
Vu le frottement assez faible, le tourniquet ainsi organisé fonctionne très longtemps.

# L'ASSIETTE SUR UNE AIGUILLE

NOUS AVONS VU, DANS LES CIRQUES, LES ÉQUILIBRISTES FAIRE TOURNER AU BOUT D'UN BÂTON POINTU DES ASSIETTES, SALADIERS ET AUTRES USTENSILES DE MÉNAGE ; LA PLUPART DU TEMPS ces objets sont en bois ou en métal, et leur équilibre, dû seulement à la force centrifuge, cesse dès que le mouvement de rotation n'est plus assez fort pour vaincre l'effet de la pesanteur.

Mais voici le moyen de faire tenir une assiette en équilibre stable sur la pointe d'une aiguille, et même de lui imprimer un mouvement de rotation sur ce pivot délicat.

## Fourchettes et bouchons

Fendez deux bouchons suivant leur axe, et à l'extrémité des quatre morceaux ainsi obtenus, plantez quatre fourchettes, formant avec l'entaille plane que vous avez faite un angle un peu inférieur à l'angle droit. Posez les quatre bouchons ainsi préparés tout autour de l'assiette, et à égale distance les uns des autres, en ayant soin que les dents des fourchettes s'appuient contre les bords de l'assiette, ce qui évite leur balancement.

Le système ainsi disposé pourra se tenir en équilibre sur la pointe d'une aiguille dont la tête aura été enfoncée dans le bouchon d'une bouteille ; en agissant avec précaution, pour éviter tout glissement, vous pouvez imprimer un mouvement de rotation à votre assiette, qui tournera d'autant plus longtemps que le frottement est presque nul au point de contact avec l'aiguille.

**Remarque**

L'équilibre est obtenu par l'abaissement du centre de gravité du système ; on doit amener ce centre de gravité au-dessous du point de support ou de suspension, et le plus bas possible, de manière que, lorsque le corps est dérangé de sa position d'équilibre, il tende à y revenir de lui-même. C'est ce que l'on appelle l'*équilibre stable*.

# FAIRE TENIR UN CRAYON SUR SA POINTE

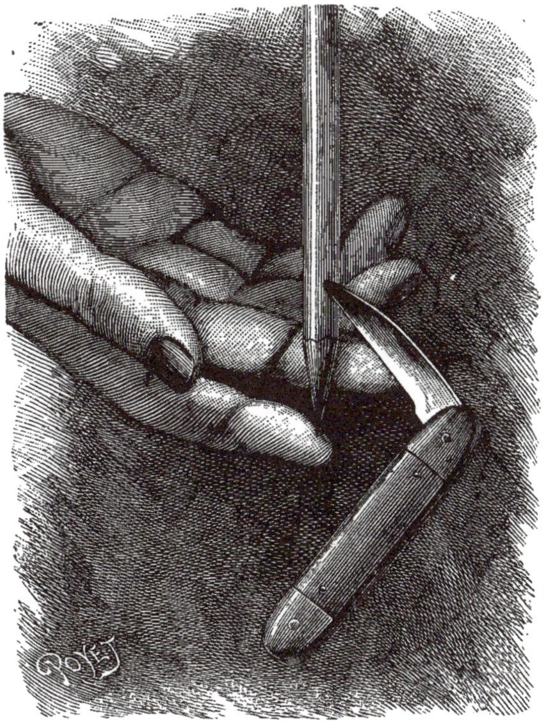

NOTRE DESSIN DONNE, SANS QU'IL SOIT BESOIN D'AUTRE EXPLICATION, LA SOLUTION DU PROBLÈME : FAIRE TENIR UN CRAYON SUR SA POINTE. IL SUFFIT D'ENFONCER LA LAME D'UN CANIF DANS le crayon, vers le côté de la pointe, et de replier cette lame légèrement en faisant varier son ouverture jusqu'à ce qu'on sente que l'équilibre est obtenu.

L'ensemble du crayon et du canif se tient en équilibre, conformément aux lois de la physique ; le centre de gravité du système est situé au-dessous du point d'appui (le doigt, le bord de la table, etc.), ce qui donne un équilibre stable.

En faisant varier l'ouverture de la lame, vous pourrez donner à votre crayon des inclinaisons différentes, et lorsque le centre de gravité du système viendra se placer sur le prolongement de l'axe du crayon, celui-ci aura une position parfaitement verticale.

# LA TERREUR DES MÉNAGÈRES

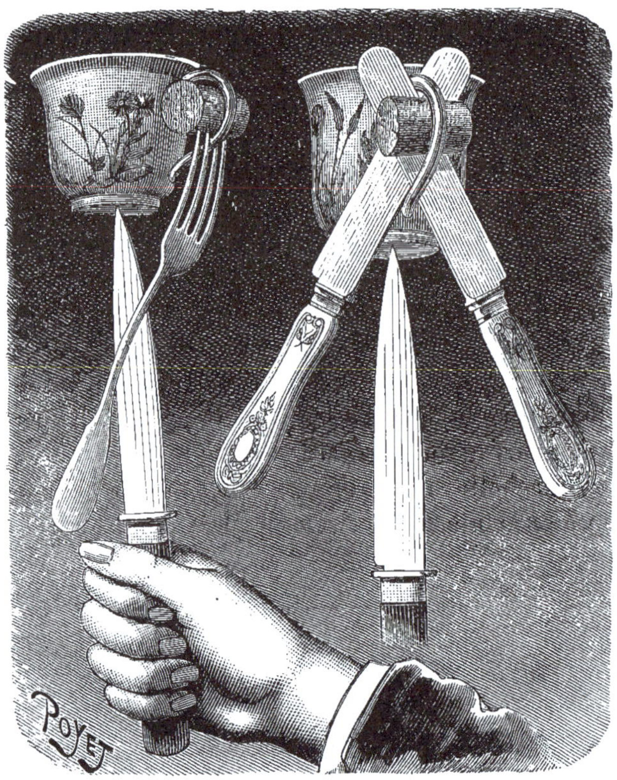


ON VOUS PROPOSE DE FAIRE TENIR UNE TASSE À CAFÉ SUR LA POINTE D'UN COUTEAU. LES ACCESSOIRES SONT BIEN SIMPLES, ET SE TROUVENT SOUS VOTRE MAIN LORSQUE VOUS ÊTES À TABLE : un bouchon, une fourchette, voilà tout ce qui vous est nécessaire… sans oublier un peu d'adresse.

Enfoncez le bouchon dans l'anse d'une tasse à café, assez vigoureusement pour qu'il y soit solidement fixé, mais assez délicatement pour ne pas rendre la tasse veuve de son anse. Piquez la fourchette dans le bouchon, à cheval sur l'anse, deux dents d'un côté, deux dents de l'autre, en inclinant légèrement la queue de la fourchette vers le dessous de la tasse.

Le centre de gravité du système étant ainsi abaissé, vous placerez votre tasse sur la pointe d'un couteau, et trouverez, en tâtonnant, le point exact où elle peut se tenir en équilibre. Le dessous des tasses étant en général émaillé, évitez le tremblement de la main qui tient le couteau, car la tasse ne tarderait pas à glisser : pour commencer, maintenez la main droite près de la queue de la fourchette, de manière à saisir vivement celle-ci et retenir par suite la tasse en cas de chute.

# ÉQUILIBRE D'UNE CUILLER À POT (PREMIÈRE POSITION)

La cuiller à pot, qui se trouve entre les mains de toutes les cuisinières, va nous permettre d'exécuter un certain nombre d'expériences d'équilibre, quand il s'agira non seulement d'abaisser le centre de gravité, mais encore de le reporter du côté du point de suspension.

Placez un couteau pliant entrouvert sur le bord d'une table, comme l'indique notre dessin, accrochez la cuiller à pot sur l'angle de la lame et du manche, l'intérieur de la cuiller faisant face à la table, et abandonnez le système à lui-même : le couteau oscillera et la cuiller se balancera jusqu'à ce qu'elle ait trouvé la position d'équilibre stable. Si vous chargez la cuiller avec du sable, le couteau, loin de tomber, se relèvera, et cela tant que le centre de gravité du système sera en arrière du bord de la table.

# ÉQUILIBRE D'UNE CUILLER À POT (DEUXIÈME POSITION)

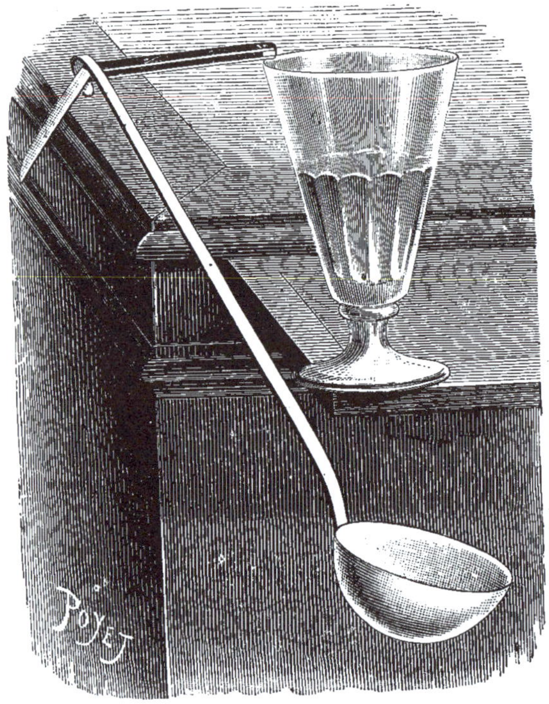


ICI LA CUILLER À POT EST ACCROCHÉE À LA NAISSANCE DE LA LAME ; ON A EU SOIN DE FERMER SON CROCHET DE TELLE SORTE QU'ELLE NE PUISSE GLISSER ET QU'ELLE FASSE AVEC LE MANCHE, DANS LE sens vertical, un angle d'environ 45°. Vous arriverez à faire tenir ce système en équilibre en posant l'extrémité du manche du couteau sur le bord d'une table, sur votre doigt, ou sur le bord d'un verre rempli d'eau pour avoir plus de stabilité.

Il semble que l'expérience soit impossible ; essayez-la et vous serez surpris de la facilité avec laquelle elle s'exécute.

# FAIRE TOURNER UN SOU SUR LA POINTE D'UNE ÉPINGLE

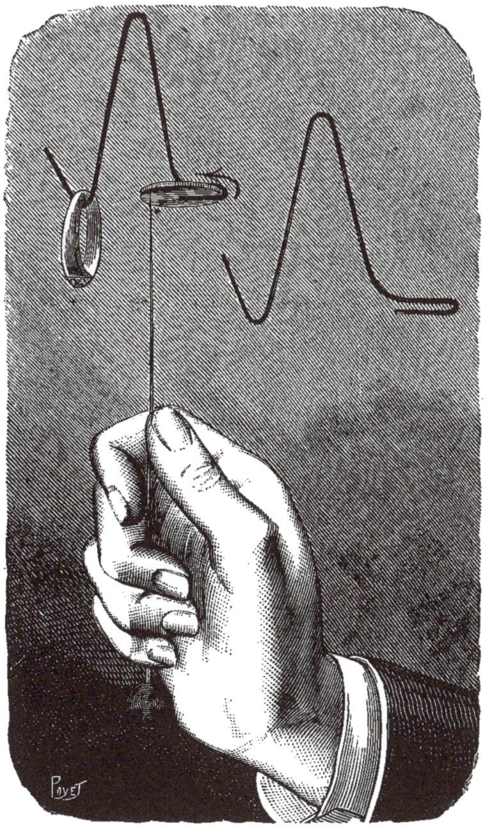

REPLIEZ UNE ÉPINGLE À CHEVEUX COMME L'INDIQUE LA FIGURE DE DROITE DE NOTRE DESSIN ; PLACEZ UNE PIÈCE DE DEUX SOUS HORIZONTALEMENT DANS LE CROCHET DE DROITE, ACCROCHEZ dans celui de gauche une bague assez lourde, ou deux bagues au besoin : vous aurez ainsi établi un système qui peut se tenir en équilibre ; vous posez le bord de la pièce sur une pointe verticale quelconque, une épingle à chapeau, par exemple.

De plus, en soufflant sur la bague, vous communiquerez à l'appareil un mouvement de rotation très rapide, sans que l'équilibre se trouve détruit.

En faisant tourner la pièce de deux sous sur une aiguille d'acier très dur, vous pourrez constater que le sou se perce à la longue, de sorte que vous pourrez poser ainsi le problème : *percer une pièce de deux sous avec une aiguille en soufflant dessus*.

# ÉQUILIBRE D'UNE ASSIETTE

LA CUILLER À POT, CE MODESTE SCEPTRE DES CUISINIÈRES, NOUS A SERVI POUR EXÉCUTER DEUX CURIEUSES EXPÉRIENCES D'ÉQUILIBRE SEMBLANT COMBATTRE LES LOIS DE LA PESANTEUR. ANNEXONS-lui sa sœur l'écumoire, et ces deux ustensiles réunis nous permettront de poser le bord d'une assiette renversée sur le bord d'un verre ou le goulot d'une carafe, où elle se maintiendra en équilibre stable.

## Trouver le point d'équilibre

Accrochez la cuiller au bord de l'assiette et interposez une petite rondelle de liège (une tranche de bouchon) de manière que, par suite du serrage ainsi produit, la cuiller ne puisse osciller ni à droite ni à gauche. Posez l'assiette de la main gauche sur la carafe, accrochez l'écumoire de la main droite, et après quelques tâtonnements, en reculant ou avançant l'assiette, vous trouverez le point où elle restera en équilibre.

# LA BOUTEILLE ACROBATE

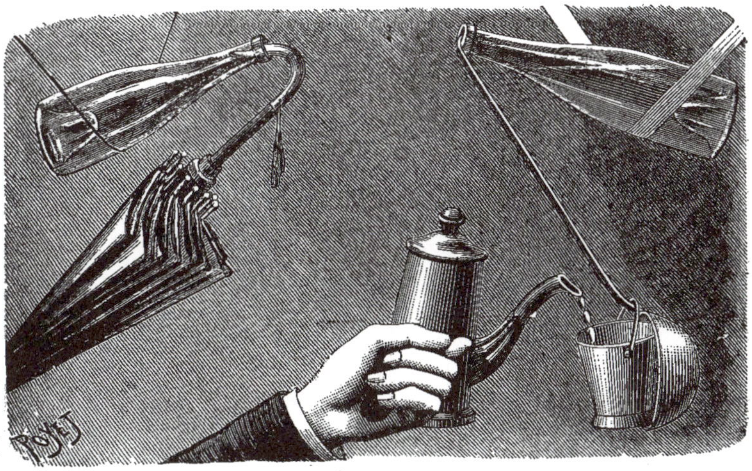

Il s'agit de faire tenir une bouteille sur une ficelle tendue en travers de la chambre. Comme l'indique notre dessin, il suffira pour cela d'introduire dans le goulot l'extrémité d'un parapluie à manche recourbé. Pour éviter tout glissement fâcheux, vous pourrez enduire de craie la partie de la ficelle qui reçoit la bouteille, tout comme les acrobates frottent de blanc les semelles de leurs chaussures.

## Vin ordinaire ou vieux bordeaux ?

La figure de droite nous montre comment on pourrait, sans la secouer, décanter une bouteille de vin fin. Il suffirait de remplacer par une cuiller à pot le parapluie de tout à l'heure, de poser notre bouteille sur un large ruban de fil, et de la faire incliner petit à petit et sans secousses, en mettant dans un récipient, suspendu à l'autre bout de la cuiller, de l'eau que l'on y verse goutte à goutte. Je n'ai pas besoin d'ajouter que cette indication n'est que théorique : faites l'expérience avec une bouteille de vin ordinaire, et ne confiez pas au ruban de fil votre bouteille de vieux bordeaux.

# LES CRAYONS EN ÉQUILIBRE

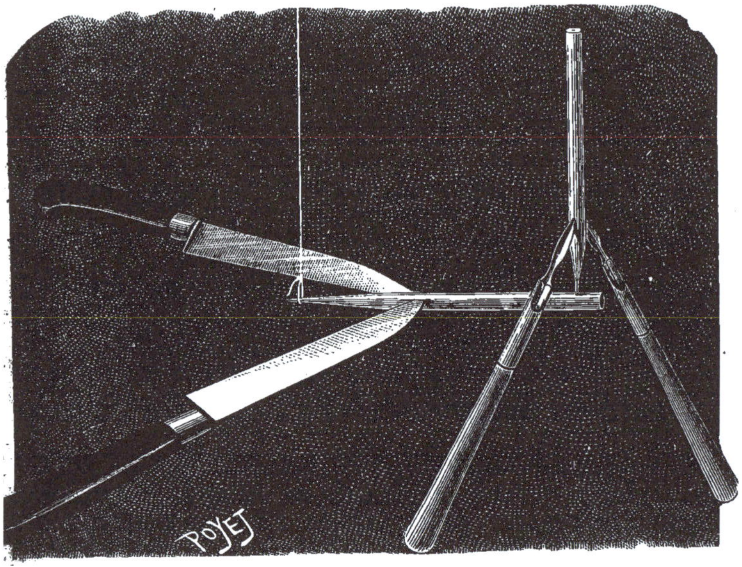


DÉDIÉE À MM. LES ÉCOLIERS, CETTE EXPÉRIENCE CONSISTE À FAIRE TENIR DANS L'ESPACE DEUX CRAYONS EN ÉQUILIBRE : L'UN, QUI DOIT RESTER HORIZONTAL, REPOSANT PAR SA POINTE SUR une aiguille ou suspendu par cette pointe à l'extrémité d'un fil ; l'autre crayon, qui doit se tenir vertical, ayant sa pointe vers l'extrémité du crayon précédent.

## Crayon et porte-plumes

Nos lecteurs sont assez familiarisés avec nos précédentes expériences d'équilibre pour que nous n'insistions pas longtemps sur la disposition de celle-ci : les deux couteaux de poids égal, maintenant le crayon horizontal, rappellent notre expérience de l'épingle percée avec une aiguille indiquée précédemment ; quant à l'équilibre du crayon maintenu vertical à l'aide de deux porte-plumes, c'est une expérience bien connue. Mais la combinaison de ces deux équilibres nous a semblé assez originale pour devoir être publiée ici.

Si nos jeunes lecteurs ont disposé leur appareil avec soin, ils pourront le faire tourner autour de son point de suspension, et, l'impulsion une fois donnée, ils verront le mouvement de rotation se continuer pendant un temps assez long.

# L'ÉQUILIBRE DE LA PELLE ET DES PINCETTES

L'HIVER NOUS RAMÈNE AU COIN DE NOTRE FEU ; CELA NOUS PERMETTRA D'Y CHERCHER, APRÈS DÎNER, DE NOUVELLES EXPÉRIENCES DE SCIENCE AMUSANTE.

En voici une bien simple : la pelle et les pincettes en font tous les frais. Placez sur le plancher la partie plate de la pelle, le manche restant oblique par rapport au plancher, et proposez à une personne de la société de faire tenir la pelle en équilibre dans cette position sans autre aide que celle des pincettes. Notre dessin vous indique immédiatement la manière d'opérer.

Il suffit de poser sur le plat de la pelle une des palettes des pincettes, et d'accrocher l'autre palette sous le manche ; on arrive à l'équilibre après quelques tâtonnements indispensables.

Il est bon de choisir une pelle et des pincettes munies d'une poignée en forme de bouton, qui leur donnent l'augmentation de poids voulue pour la réussite de l'équilibre.

Si les palettes des pincettes étaient trop arrondies par-dessous, un coup de lime viendrait y créer une petite portion rectiligne sur laquelle il vous serait facile de les faire reposer sans risque d'oscillations.

# LA BOUTEILLE EN DANGER

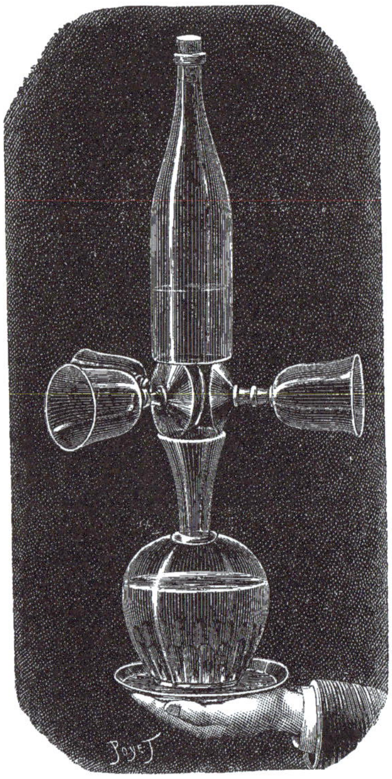

MES LECTRICES VONT PEUT-ÊTRE POUSSER LES HAUTS CRIS, MAIS IL ME SEMBLERAIT VRAIMENT DOMMAGE DE NE PAS PUBLIER LA MANIÈRE AUSSI NOUVELLE QU'ÉLÉGANTE DE PORTER UNE CARAFE d'eau, une bouteille de vin et trois verres sur un plateau d'un diamètre à peine suffisant pour contenir la base de la carafe.

Je suis le premier à reconnaître, et mon titre en fait foi, que la bouteille se trouve dans une situation des plus précaires ; mais n'est-ce pas la difficulté même qui fait le charme de la plupart des expériences d'équilibre ? Du reste, le malheur serait-il bien grand si, par suite d'un insuccès, nous venions favoriser l'intéressante industrie de la verrerie en France et épanouir la figure des honorables négociants en cristaux, de qui notre problème d'aujourd'hui sera certainement le bienvenu ?

## La marche à suivre

Bravons donc une fois de plus les reproches, souvent mérités, des ménagères, et indiquons le mode de procéder pour édifier notre frêle édifice.

J'avouerai qu'ici je me trouve fort embarrassé ; notre dessin, exécuté d'après une photographie, montre exactement la position respective des cinq pièces ; mais comment indiquer la marche à suivre, qui théoriquement se résume ainsi : *poser les pieds des trois verres entre le fond de la bouteille et le goulot de la carafe*, mais pratiquement n'est pas tout à fait aussi simple ? Je me bornerai donc à quelques conseils destinés à diminuer les chances d'accident.

## Quatre aides aguerris

Pour essayer l'expérience, posez le plateau sur une table, au lieu de le tenir sur la main ; ce sera déjà bien joli si vous réussissez du premier coup. Quatre aides sont nécessaires, et je n'ai pas à vous dire qu'il faut les choisir parmi les plus adroits de vos amis.

Trois d'entre eux tiendront chacun un verre par son bord et se grouperont autour du plateau, posé sur guéridon. Le quatrième aide tiendra une bouteille contenant une petite quantité de vin (prenez de l'eau pour commencer). Les quatre opérateurs devront manœuvrer avec une précision toute militaire ; les trois premiers poseront le pied de leur verre sur le rebord du goulot de la carafe, de façon que les verres soient symétriquement répartis autour de sa circonférence, et que les axes de leurs pieds soient dans un plan horizontal.

## De savants équilibres

À ce moment le quatrième aide posera délicatement le fond de la bouteille sur les trois pieds des verres, et s'assurera, en appuyant sur la bouteille, puis en la soulevant légèrement, que le poids de cette dernière *n'est pas assez fort* pour maintenir le système en équilibre.

Les verres restant maintenus par les trois premiers aides, le quatrième versera dans la bouteille, à l'aide d'un entonnoir, assez de liquide pour que l'équilibrage ait exactement lieu, et que les teneurs de verre ne sentent plus ceux-ci peser dans leurs mains.

Chacun d'eux lâchera alors son verre, et le dernier pourra boucher la bouteille ; puis, les choses ayant été ainsi préparées dans le silence du cabinet, vous pouvez inviter les spectateurs à venir contempler votre œuvre.

Dernière recommandation : s'assurer, lorsque l'on superposera les verres, que les pieds sont d'égal diamètre, en les présentant l'un devant l'autre. Et maintenant, il me reste à souhaiter bonne chance à ceux de nos lecteurs qui voudront essayer l'expérience que je leur propose.

# LE NIVEAU EN CARTON

Prenez deux morceaux de carton de forme rigoureusement rectangulaire, de longueur égale (20 centimètres environ), mais de largeur différente, soit 6 à 10 centimètres environ. Percez un trou au milieu de la longueur et à 4 ou 5 millimètres du bord, et plantez dans le grand carton une épingle, consolidée par deux ou trois rognures du même carton, collées par-derrière, comme l'indique le dessin.

Dans le carton le plus étroit, qui sera le carton mobile, prolongez le trou que vous venez de faire par une petite rainure verticale, et suspendez le petit carton sur la pointe de l'épingle, en le maintenant à une petite distance du grand, contre lequel il ne doit pas frotter. Placez l'appareil sur une cheminée bien horizontale, et changez de bout le carton mobile pour voir s'il se tient bien dans la même position par rapport à l'autre, les deux bords supérieurs devant rester parallèles, ce que l'on obtient en enlevant au besoin une parcelle de carton.

Voulez-vous caler un meuble avec ce petit appareil ? Posez sur ce meuble le carton fixe : si le carton mobile s'élève à droite ou à gauche, c'est que le meuble penche, et vous augmenterez ou diminuerez la hauteur de la cale jusqu'à ce que les bords supérieurs des deux cartons deviennent parallèles.

# LE SUPPLICE DE TANTALE

COUCHEZ UNE CHAISE PAR TERRE, COMME L'INDIQUE NOTRE FIGURE, DE TELLE SORTE QUE, L'AVANT DE LA CHAISE REPOSANT SUR LE SOL, LES PIEDS DE DERRIÈRE ET LE DOSSIER SOIENT SUR UN MÊME PLAN horizontal. Priez quelqu'un de s'agenouiller sur le barreau d'arrière, et de prendre avec sa bouche un morceau de sucre posé sur l'extrémité du dossier.

La chose semblera toute simple au premier abord ; mais si la personne qui se prête à l'expérience n'a pas soin de s'accroupir de façon que le centre de gravité de son corps se maintienne en arrière du siège, la chaise basculera infailliblement, et, nouveau Tantale, la personne verra le sucre fuir au moment où elle croyait le tenir dans sa bouche.

# L'ALLUMAGE DIFFICILE

Dans l'expérience de l'homme agenouillé sur un barreau de chaise, et que nous avons intitulé « le Supplice de Tantale », l'équilibre était difficile à conserver dans le sens de la longueur du corps, et c'est en avant que nous avons vu basculer l'amateur inexpérimenté.

Avec le jeu de *l'allumage difficile*, vous pourrez tomber au contraire de côté, à droite ou à gauche, à votre choix. Voici en quoi consiste l'expérience : deux personnes s'agenouillent par terre, en face l'une de l'autre, et, tenant dans leur main gauche une bougie dans un bougeoir, elles prennent chacune son pied droit dans sa main droite, ce qui les force à se tenir en équilibre sur leur genou gauche. L'un des amateurs, dont la bougie est éteinte, doit l'allumer à celle de l'autre.

## Série de chutes

Vous voyez que ce n'est pas compliqué, et cependant vous ne sauriez vous imaginer à combien de chutes ce jeu va vous permettre d'assister avant que l'allumage ait eu lieu ! C'est une nouvelle figure de cotillon à joindre à celle de la chaise ; vous aurez soin de mettre un journal sur le parquet, pour éviter les taches de bougie et rassurer la maîtresse de maison.

# LA TÊTE AU MUR

PLACEZ PAR TERRE UN TABOURET CONTRE LE MUR ; METTEZ LA POINTE DE VOS PIEDS À UNE DISTANCE DU MUR DOUBLE DE LA LARGEUR DU TABOURET ; BAISSEZ-VOUS ET SAISISSEZ LE TABOURET PAR LES côtés, puis appuyez la tête contre le mur. Soulevez ensuite le tabouret de terre, et sans secousses remettez-vous debout… ou du moins essayez de vous relever !

Ne faites pas cette expérience amusante sur un plancher glissant, mais sur un tapis, qui atténuera les conséquences d'une chute possible.

Il y a là un curieux effet de déplacement du centre de gravité de notre corps, qui rend le relèvement presque impossible, à moins de remettre par terre le tabouret et de prendre sur lui le point d'appui qui nous est nécessaire.

# PASSER SOUS UN MANCHE À BALAI

DONNEZ UN MANCHE À BALAI OU UN LONG BÂTON À QUELQU'UN QUI N'AIT PAS VU NOTRE DESSIN ; PRIEZ-LE D'APPUYER UNE DES EXTRÉMITÉS DANS L'ANGLE DU PLANCHER ET DU MUR PUIS DE *passer tout entier* sous ce manche à balai, dans la partie comprise entre le plancher et ses mains.

Si la personne n'est pas initiée à ce tour, elle fera face au mur, et en essayant de passer sous le bâton elle perdra infailliblement l'équilibre.

Si, au contraire, elle a soin de tourner le dos au mur, et de se placer de telle sorte que ses deux pieds et l'extrémité du bâton forment un triangle isocèle, elle réussira facilement. En effet, après avoir passé sous le bâton, elle se relèvera de l'autre côté, en ayant une position aussi stable de l'autre côté du bâton que celle qu'elle occupait primitivement.

# HYDROSTATIQUE

## Densité des liquides



## Équilibre des liquides



## Principe d'Archimède



## Tension superficielle des liquides



## Capillarité

## Pression sur les parois des vases

# LE VERRE PATRIOTIQUE

Nous savons tous que, si nous versons avec précaution du vin sur de l'eau, ce vin flotte à la surface : l'expérience est trop connue pour que nous y insistions ; mais aujourd'hui nous proposons de placer le vin au fond du verre, et l'eau par-dessus, sans que les deux liquides se mélangent. On utilise pour cela l'inégale densité de l'eau suivant qu'elle est froide ou chaude.

Dans un verre (choisissez un verre trempé, pour éviter sa rupture) placez de l'eau bouillante ; puis, à l'aide d'un entonnoir plongeant jusqu'au fond *(fig. 1)*, versez-y du vin, que vous aurez refroidi le plus possible avec de la glace. En opérant avec précaution, vous verrez le vin former au fond du verre une couche rouge bien distincte. Retirez doucement l'entonnoir et versez à la surface de l'eau un liquide bleuâtre plus léger que l'eau, par exemple de l'alcool coloré avec l'encre *(fig. 2)*.

## Un feu d'artifice dans de l'eau

Vous aurez ainsi la couche bleue supérieure, complétant le *verre patriotique*, qui vous permettra, à l'aide d'une lumière, de projeter sur le mur les trois couleurs du drapeau français. Cela pour les *illuminations* ; voici maintenant pour le *feu d'artifice*.

Si vous laissez refroidir l'eau du verre, ou si, pour aller plus vite, vous posez ce verre dans un vase contenant de l'eau froide, vous verrez le vin monter dans l'eau du verre en minces filets rouges analogues à des fusées *(fig. 3)* ; les différents liquides se mélangeront, et les colonnes bleues descendantes mêlées aux colonnes rouges qui montent vous donneront un curieux spectacle, celui d'un feu d'artifice dans un verre d'eau.

# LA BARRIQUE ET LA BOUTEILLE

ON VOUS DONNE UNE BARRIQUE PLEINE DE VIN ET UNE BOUTEILLE, ET L'ON VOUS PROPOSE DE REMPLIR DE VIN LA BOUTEILLE, PAR LA BONDE DE LA BARRIQUE, SANS EMPLOYER D'AUTRE APPAREIL QUE cette bouteille elle-même.

Voici la solution : la barrique étant bien pleine de vin, remplissez la bouteille d'eau ; puis, fermant momentanément le goulot avec le doigt, plongez ce goulot dans la bonde en retournant la bouteille ; enlevez votre doigt du goulot, laissez quelques instants la bouteille dans cette position, comme l'indique la figure, et vous verrez insensiblement le vin, plus léger que l'eau, remplacer dans la bouteille l'eau qui s'en est allée dans la barrique ; à la fin de l'opération, la bouteille, primitivement pleine d'eau, sera remplie de vin pur.

# L'ÉRUPTION DU VÉSUVE

PLACEZ AU FOND D'UN BOCAL DE VERRE PLEIN D'EAU UN PETIT FLACON CONTENANT DU VIN ROUGE. CE FLACON SERA FERMÉ PAR UN BOUCHON PERCÉ D'UN TROU TRÈS ÉTROIT SUIVANT SON AXE. Nous savons que, par suite de la différence de densité des deux liquides, l'eau pénétrera dans le flacon, et en chassera le vin, qui s'échappera en un mince filet rouge pour venir s'étaler à la surface.

## Du vin dans un cratère

Voici un moyen pittoresque de présenter cette expérience bien connue : à l'aide de plâtre, ou plus simplement de terre, figurez une montagne au fond de votre vase. Le flacon s'y trouvera dissimulé, et vous ménagerez à la partie supérieure un petit orifice destiné au passage du filet de vin : ce sera le cratère.

Ayez soin d'agiter l'eau du vase afin que le panache qui la traverse figure la fumée rougeâtre d'un volcan tourmentée par le vent, et vous aurez ainsi donné aux spectateurs une reproduction assez exacte de l'éruption du Vésuve.

**Remarque**

On pourrait, par une expérience inverse, démontrer que le lait, plus lourd que l'eau, descend au fond de ce liquide. Pour cela on remplit le petit flacon avec du lait, et on tient le flacon renversé en haut du bocal, le goulot un peu au-dessous du niveau de l'eau. On voit alors un ruban ou un filet blanc descendre lentement de haut en bas du bocal pour venir former à la partie inférieure une couche blanche opaque bien distincte du liquide transparent.

# L'EAU CHANGÉE EN VIN

Il ne s'agit pas de reproduire ici le miracle des noces de Cana ; l'expérience que je propose n'en présente pas moins un côté fort intéressant pour les amateurs. Prenez deux verres d'égal diamètre, que j'appellerai A et B pour ma démonstration, et plongez-les dans un seau d'eau, en tenant l'un debout, l'autre renversé ; lorsque tous deux seront complètement pleins de liquide, sans qu'il y reste une seule bulle d'air, mettez-les bord à bord, en maintenant leurs axes verticaux, le verre A inférieur se tenant debout, tandis que le verre B est renversé, et sortez-les du seau d'eau.

Après les avoir laissés s'égoutter sur une assiette et les avoir bien essuyés, vous constaterez que B est plein de liquide, même si vous déplacez légèrement son bord de façon à laisser entre lui et A un petit intervalle, dont nous allons voir le rôle tout à l'heure. Sur le pied de B, placez un petit verre C contenant du vin rouge, et annoncez que, *sans toucher à aucun des trois verres*, sans même recouvrir l'ensemble du traditionnel foulard des prestidigitateurs, *vous allez, sous les yeux du public, faire passer le vin de C dans B sans qu'une goutte de ce vin pénètre dans le verre A.*

## Du vin aspiré

L'opération est double, comme on le voit : il nous faut : 1° faire sortir le vin du petit verre ; 2° le faire pénétrer dans B retourné. Un brin de laine à tapisserie trempé dans le vin du petit verre, et dont les deux extrémités pendront au dehors, constituera, par sa capillarité, un excellent siphon, et à chaque extrémité du brin de laine nous verrons perler une goutte de vin, qui deviendra de plus en plus grosse jusqu'à ce qu'elle tombe sur le pied de B, et de là, en débordant, sur les côtés de ce verre.

Le vin coulera ainsi tout doucement jusqu'aux bords superposés des deux grands verres ; mais là, au lieu de continuer sa descente sous l'action de la pesanteur, nous le verrons, chose étrange, aspiré entre leurs deux bords.

## Inversion des couleurs

Ce phénomène est dû à la *capillarité*, et rappelle l'expérience d'un liquide qui monte entre deux plaques de verre que l'on a rapprochées l'une de l'autre, ou dans l'intérieur d'un tube de très petit diamètre. Nous verrons notre vin, une fois entré dans l'intérieur des verres, monter en minces filets rouges à la partie supérieure de l'eau de B, en la colorant d'une teinte de plus en plus foncée, qui se dégrade à mesure qu'on se rapproche du bord.

En prolongeant suffisamment l'expérience, qui se fait, comme on le voit, automatiquement, on arrivera au résultat final que voici : le verre A plein d'une eau limpide, B plein d'un liquide rouge, enfin C complètement vide.

# NIVEAU D'EAU POPULAIRE

LES NIVEAUX D'EAU À BULLE D'AIR SONT DES APPAREILS ASSEZ COÛTEUX ET DÉLICATS ; IL FAUT, DE PLUS, UN CERTAIN APPRENTISSAGE POUR APPRENDRE À S'EN SERVIR, CAR ILS N'INDIQUENT LE NIVEAU que pour une seule direction. Voici, au contraire, un petit appareil à la portée de tous, indiquant le niveau dans tous les sens, et que chacun peut régler et construire soi-même ; aussi l'avons-nous appelé *le niveau d'eau populaire*.

## Niveau à régler

Traversez d'une épingle un bouchon ; attachez un fil à la tête de cette épingle ; faites entrer le bout dans un flacon vide, et fixez, à l'aide d'un peu de cire à parquet, l'autre extrémité du fil au fond du flacon. Versez alors de l'eau jusqu'à ce que le bouchon flotte et que le fil se trouve bien tendu : la pointe de l'épingle sortira du liquide et, lorsque l'eau sera en repos, elle prendra une position fixe (il n'est pas nécessaire que l'épingle soit verticale).

Bouchez maintenant votre flacon avec un bouchon dans lequel vous aurez enfoncé une tige rigide (longue épingle, par exemple), et réglez l'inclinaison de ce bouchon de telle sorte que, lorsque la bouteille est posée sur un marbre de cheminée (qui est en général bien horizontal), la pointe de l'épingle du flotteur et celle de la tige du bouchon viennent se mettre exactement l'une en face de l'autre. Votre niveau ainsi réglé, fixez à l'aide de cire à cacheter le bouchon sur le goulot du flacon, pour empêcher tout déplacement de la tige.

## Pour caler les meubles

Voulez-vous maintenant caler un meuble, ou poser un rayon bien horizontal, vous n'avez qu'à y poser votre bouteille : tant que l'horizontalité ne sera pas parfaite dans tous les sens, la pointe du flotteur sera plus ou moins éloignée de la pointe de repère du bouchon, autour de laquelle elle décrira un cercle, et vous modifierez l'épaisseur de vos cales ou l'inclinaison de votre rayon jusqu'à ce que les deux pointes reviennent en face l'une de l'autre.

Vous serez sûr alors d'avoir une horizontalité au moins égale à celle du marbre de votre cheminée, ce qui suffit dans la pratique.

# UN SINGULIER BOUGEOIR

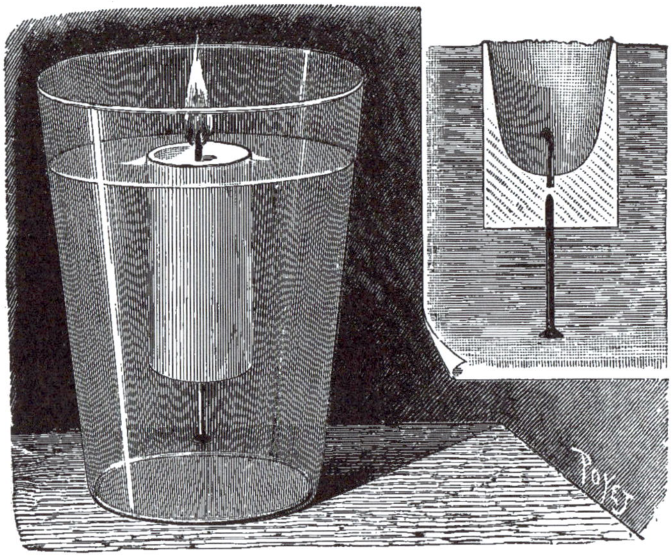


SINGULIER BOUGEOIR, EN EFFET, QU'UN VERRE D'EAU À DONNER COMME SUPPORT À UNE BOUGIE ; VOUS ALLEZ VOIR QUE, MALGRÉ SA SIMPLICITÉ, IL N'EST PAS PLUS MAUVAIS QU'UN AUTRE.

Lestez un bout de bougie avec un clou. Vous aurez calculé la grosseur de ce clou de façon à ce que la bougie plonge tout entière dans l'eau et que le liquide vienne affleurer son bord supérieur, sans toutefois mouiller la base de la mèche.

Allumez alors la mèche, et pariez que, malgré le milieu peu favorable où elle est plongée, votre bougie va brûler jusqu'au bout.

## La remontée de la bougie

Cela peut sembler extraordinaire, tout d'abord ; mais avec un peu de réflexion on devine le résultat de l'expérience. En effet, si la combustion raccourcit la bougie et semble vouloir mettre la mèche en contact avec l'eau, en revanche le poids de la bougie diminue à mesure, et elle remonte petit à petit.

De plus, la matière stéarique du pourtour, refroidie par le liquide, fondra beaucoup plus lentement que dans l'air, et vous verrez le haut de la bougie se creuser de plus en plus, de telle sorte que la flamme se creusera une sorte de petit puits, représenté dans le coin de notre dessin.

Cet évidement vient contribuer à l'allégement de la bougie, et la mèche, comme vous l'avez annoncé, brûlera jusqu'au bout.

## Point lumineux fixe

Le côté pratique de l'expérience est celui-ci : contrairement à ce qui arrive avec les bougeoirs, la flamme d'une bougie ainsi disposée sera un point lumineux aussi fixe que le niveau du liquide, et ce foyer ne variera pas de hauteur, ce qui peut être utile dans les essais photométriques, lesquels ont pour objet de mesurer l'intensité lumineuse des diverses flammes.

**Remarque**

Cette expérience nous rappelle le principe d'Archimède, qui s'énonce ainsi : *Tout corps plongé dans un liquide éprouve de bas en haut une poussée égale en grandeur au poids du liquide déplacé.* Si une portion de la bougie restait au-dessus du niveau de l'eau, l'expérience nous rappellerait le principe d'Archimède appliqué à un corps flottant.

# LE POISSON SAVANT

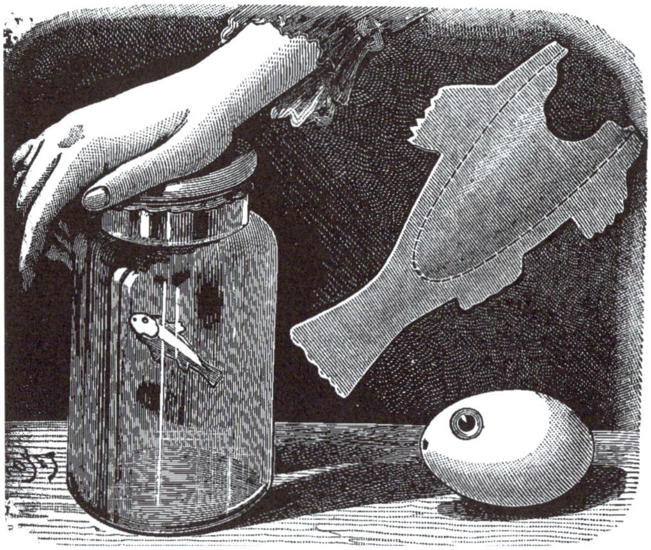

VIDEZ UN ŒUF CRU EN LE PERÇANT À SES EXTRÉMITÉS DE DEUX PETITS TROUS ; VOUS SOUFFLEREZ PAR L'UN DE CES TROUS, ET L'ŒUF SE VIDERA PAR L'AUTRE.

Si vous êtes amateur d'œufs crus, un seul trou est nécessaire, et vous humez l'œuf au moyen d'une forte aspiration. Sinon, pratiquez deux trous, et rebouchez-en un avec un peu de cire. Dessinez maintenant deux gros yeux avec un crayon bien noir sur la coquille de l'œuf vide, comme l'indique le dessin.

D'autre part, vous aurez confectionné un petit sac avec deux morceaux de flanelle rouge cousus selon la ligne pointillée de notre figure : vous le lesterez avec du plomb de chasse et vous y ferez pénétrer la moitié de l'œuf, le petit trou devant être dans l'intérieur du sac.

Vous collez le bord du sac sur la coquille à l'aide de cire à cacheter rouge, et voilà votre poisson construit. Les deux morceaux de flanelle pourront être découpés comme l'indique le dessin ; mais vous serez libres de varier la forme et le nombre des nageoires, de manière à donner à votre poisson une forme plus ou moins fantastique, celle du *télescope de la Chine*, par exemple.

## Poisson ludion

Quelle que soit sa forme, il constituera un excellent ludion, que vous ferez monter et descendre dans un bocal plein d'eau, fermé par une membrane de caoutchouc ou toute autre substance imperméable.

Vous aurez réglé le poids du lest de manière que votre poisson flotte à la surface, mais qu'une très légère poussée de la main le fasse descendre au fond du vase. Dès lors, en maintenant la main sur la membrane et en pressant légèrement sur le liquide, l'eau pénétrera dans l'œuf par son petit trou et le rendra plus lourd ; alors le poisson augmentera de poids et plongera.

En cessant la pression de la main, l'air que le liquide avait comprimé en pénétrant dans l'œuf se détendra et chassera le liquide qui s'y était introduit : le poisson ainsi allégé remontera à la surface et aura l'air d'obéir à votre commandement, les mouvements de pression de votre main restant imperceptibles pour les spectateurs.

# PESER UNE LETTRE AVEC UN MANCHE À BALAI

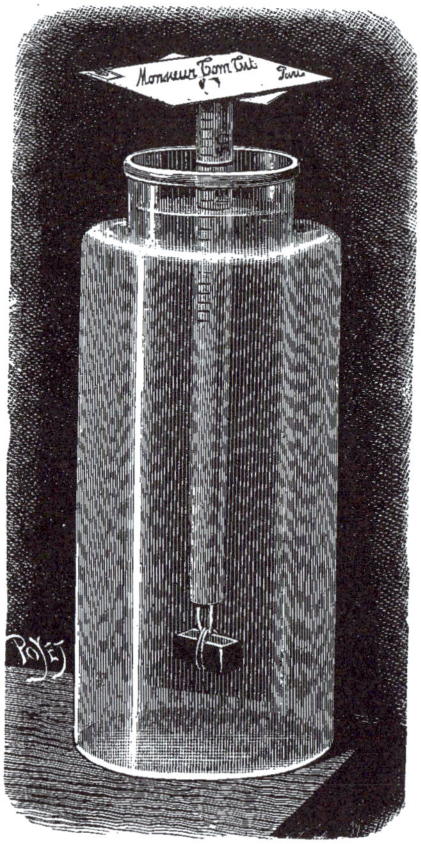

POUR PESER DES OBJETS LÉGERS, TELS QU'UNE LETTRE, IL FAUT UNE BALANCE D'UNE ASSEZ GRANDE PRÉCISION ; C'EST À CE TITRE QUE NOUS RECOMMANDONS À NOS LECTEURS NOTRE PÈSE-LETTRES fabriqué avec un manche à balai.

Sciez un bout de manche à balai de 0,30 m de longueur environ, et plongez-le dans un bocal plein d'eau après l'avoir lesté à sa partie inférieure de façon qu'il plonge d'environ 0,20 m dans le liquide. Fixez au sommet, à l'aide d'un petit clou, une carte de visite qui sera le plateau de l'appareil, et voilà votre pèse-lettres construit.

Il ne vous reste plus qu'à le graduer. Pour cela, posez sur le plateau trois sous, représentant un poids de 15 grammes ; votre appareil enfoncera d'une certaine quantité et vous marquerez, par un trait de crayon bien noir, la ligne d'affleurement du liquide.

## Affranchissement selon poids

Il y aura avantage à vernir ou à peindre ce morceau de bois, pour éviter qu'il ne s'alourdisse par l'absorption du liquide. L'appareil étant ainsi gradué, retirez les sous, et mettez sur le plateau la lettre que vous désirez peser. Si le trait de crayon reste au-dessus du niveau de l'eau, la lettre pèse moins de 15 grammes et l'affranchissement simple à 10 centimes* suffira. Si, au contraire, le trait de crayon plonge dans le liquide, le port doit être doublé.

**Remarque**

Comparer avec notre morceau de bois l'appareil connu en physique sous le nom d'aréomètre de Nicholson, qui sert à déterminer non seulement le poids d'un corps, par la méthode de la double-pesée, mais encore la densité des corps solides, insolubles dans l'eau. Les aréomètres à poids constant, tels que celui de Baumé, de Gay- Lussac, etc., servent à déterminer la densité des liquides. Le même principe a été appliqué aux appareils employés couramment dans la vie usuelle : pèse-vin, pèse-sirop, pèse-lait, etc.

* Cet affranchissement est celui de 1907, date de la première édition du livre *(note de la nouvelle édition)*.

# LE SCORPION DE CAMPHRE

PLACEZ À LA SURFACE DE L'EAU CONTENUE DANS UNE CUVETTE DES MORCEAUX DE CAMPHRE D'INÉGALE GROSSEUR ET REPRODUISANT LA FORME D'UN ANIMAL QUELCONQUE, UN SCORPION par exemple. Au bout de quelque temps le scorpion commence à se mouvoir dans le liquide ; vous le voyez agiter ses pattes, comme s'il essayait de nager, et replier convulsivement sa queue.

## Déplacement sur l'eau

Cette amusante expérience est bien simple et peu coûteuse, le camphre se trouvant dans tous les ménages ; malgré cette apparente simplicité, vous allez voir qu'elle peut être pour nous l'objet de quelques remarques intéressantes :

1° Notre scorpion nage sur l'eau, mais en y plongeant presque entièrement : cela nous prouve que la *densité* du camphre est inférieure à celle de l'eau, mais qu'elle en est très voisine ; cette densité est en effet de 0,995, celle de l'eau étant prise pour unité.

2° L'animal ne fond pas dans le liquide : le camphre est donc insoluble dans l'eau ; si nous l'avions mis dans l'alcool, nous aurions constaté, au contraire, que l'alcool dissout le camphre.

3° Les divers morceaux composant notre scorpion restent juxtaposés à la place où nous les avons mis, et semblent être collés les uns aux autres ; c'est qu'ils sont reliés entre eux par la force connue sous le nom de *cohésion*.

4° Enfin, si le scorpion exécute sur l'eau les mouvements si curieux dont nous venons de parler, cela tient à la propriété bien connue du camphre de se déplacer à la surface de l'eau sur laquelle il flotte. Nous savons en effet qu'un petit morceau de camphre posé dans un verre d'eau possède au bout de quelques instants des mouvements de translation et de rotation sur lui-même, mouvements dus, selon les uns, au recul produit par un dégagement de vapeurs, selon les autres à une force mystérieuse appelée *tension superficielle* et résidant à la surface des liquides.

# FAIRE NAGER SUR L'EAU UN POISSON EN PAPIER

DÉCOUPEZ DANS DU PAPIER ORDINAIRE UN POISSON SEMBLABLE À CELUI QUI EST REPRÉSENTÉ DANS NOTRE DESSIN EN GRANDEUR NATURELLE ; AU CENTRE, VOUS PRATIQUEREZ UNE OUVERTURE circulaire *a*, communiquant avec la queue par un étroit canal *ab* ; mettez de l'eau dans un récipient allongé (la poissonnière ira très bien) et posez le poisson sur le liquide, de manière que la face inférieure soit complètement mouillée, celle de dessus restant complètement sèche. Proposez alors à l'assistance de faire mouvoir l'animal, et cela sans le toucher et sans souffler dessus.

Voici ce qu'il vous faudra faire : versez délicatement une grosse goutte d'huile dans le vide *a* ; cette huile cherchera à se répandre à la surface du liquide, mais cela ne lui est possible que si elle s'en va par le petit canal *ab*. Par un effet de réaction dont nous avons déjà donné des exemples, le poisson sera poussé en sens inverse de l'écoulement de l'huile, c'est-à-dire en avant, et le mouvement durera assez longtemps pour que les spectateurs puissent contempler avec étonnement le mouvement d'un simple morceau de papier à la surface du liquide sans pouvoir se rendre compte, s'ils n'ont pas été prévenus, de la cause de ce mouvement.

# LES FIGURES MAGIQUES

DESSINEZ SUR UN PETIT CARRÉ DE PAPIER BLANC ORDINAIRE OU DE PAPIER À LETTRES UNE FIGURE GÉOMÉTRIQUE QUELCONQUE : CARRÉ, RECTANGLE, TRIANGLE, POLYGONE, ETC., EN VOUS servant, pour le tracé, d'un crayon trempé dans l'eau.

Faites flotter sur l'eau d'une cuvette votre papier, le dessin en dessus, et remplissez d'eau la figure tracée, ce qui sera facile avec quelques précautions : les traits humides servant à limiter votre dessin (un triangle, par exemple) empêcheront le liquide de couler au-delà des lignes tracées.

## Papier qui se déplace

Prenez maintenant une épingle, et, plaçant la pointe à un endroit quelconque du triangle, de façon que cette pointe pénètre dans l'eau, mais sans toucher le papier, vous verrez le papier se mettre en mouvement dans une certaine direction *jusqu'à ce que le centre géométrique du triangle vienne se placer exactement au-dessous de la pointe de votre épingle*.

Il vous est facile de déterminer par avance le point A, centre de figure du triangle, et de constater que le papier marchera dans le sens de la flèche, jusqu'à ce que A vienne se placer sous la pointe de l'épingle. Le papier s'arrête à ce moment de lui-même.

## Au centre de la France

Répétez l'expérience avec un carré ou un rectangle ; vous constaterez que le point qui se trouve sous la pointe au moment où le papier s'arrête est exactement le point de rencontre des deux diagonales.

Si vous avez dessiné sur votre papier les contours de la carte de France, en ayant soin de mouiller votre crayon, et que vous fassiez flotter ce papier en couvrant d'eau la surface de cette carte, vous verrez, en plaçant l'épingle en un point quelconque, que la carte se mettra en mouvement jusqu'à ce qu'un certain point vienne se mettre sous l'épingle.

Marquez ce point, et vous constaterez qu'il correspond sur la carte à l'emplacement de la ville de Bourges. Voilà une curieuse manière de démontrer que la ville de Bourges est placée au centre de la France.

# MÉTAMORPHOSES D'UNE BULLE DE SAVON

FAITES UNE EAU DE SAVON TRÈS FORTE, AVEC DU SAVON BLANC DE MARSEILLE ET DE L'EAU TIÈDE : IL FAUT OPÉRER PAR UNE TEMPÉRATURE DE 15° ENVIRON ; PASSEZ CETTE EAU À TRAVERS UN torchon pour y retenir les parcelles de savon non dissoutes, et mélangez-y de la glycérine pure, dans les proportions de deux cinquièmes de glycérine pour trois cinquièmes d'eau de savon.

Agitez le tout pour bien opérer le mélange, et placez le vase qui le contient dans un lieu tranquille, jusqu'à ce que vous voyiez se former à la surface du liquide une croûte blanchâtre. Enlevez cette croûte et décantez le liquide clair dans un flacon que vous boucherez et où il se conservera indéfiniment.

## Paille ou pipe en terre

Voici quelques expériences très simples qu'il est facile d'exécuter avec le liquide ainsi obtenu. Pour souffler une bulle, vous emploierez soit une pipe en terre, soit un brin de paille dont vous aurez fendu en quatre une extrémité, en repliant à angle droit les parties fendues, comme l'indique notre dessin. Vous pourrez aussi opérer avec un tube de papier, de la grosseur du doigt, dont le bout aura été fendu comme pour la paille. Avec ce tube, vous obtiendrez parfois des bulles de la grosseur de votre tête et parées des couleurs les plus chatoyantes.

En confectionnant avec du gros fil de fer un petit support formé d'un anneau porté sur trois pieds, vous pourrez, après avoir mouillé l'anneau avec le liquide glycérique, en approcher l'extrémité inférieure de votre bulle, qui s'y collera en abandonnant votre tube ; la bulle ainsi placée sur ce support, à l'abri de tout courant d'air, s'y maintiendra, sans se crever, pendant un temps assez long.

## Cylindres...

Vous aurez confectionné, d'autre part, un second anneau de fil de fer maintenu par une tige verticale, et qui doit avoir, comme l'anneau du support, environ 7 centimètres de diamètre ; après avoir mouillé cet anneau avec le liquide glycérique, si vous l'approchez du dessus de la bulle, vous verrez celle-ci se coller à l'anneau supérieur avec assez de force pour que, en élevant l'anneau supérieur, elle se transforme en un corps se rapprochant de plus en plus de la forme d'un cylindre droit ou oblique, selon que l'anneau supérieur est ou non au-dessus de l'anneau inférieur.

Ce cylindre redevient une sphère si vous abaissez progressivement la main, et rien n'est plus curieux que de voir la bulle de savon prendre deux formes géométriques différentes, comme s'il s'agissait d'une substance malléable.

## ... ou cubes

Pour continuer les expériences, il faut maintenant joindre à votre matériel un petit cube en fil de fer, de 7 centimètres de côté, et suspendu à une tige, comme l'indiquent nos figures. Le fil de fer devra être rouillé, afin de ne pas présenter une surface trop lisse.

Plongez complètement votre cube dans le liquide glycérique ; si vous le retirez avec précaution, une surprise vous attend : vous voyez au centre une lame d'eau très mince et de forme carrée, dont chaque côté est réuni au côté correspondant du cube par une lame liquide, comme l'indique le cube de droite en haut de notre dessin.

Si vous replongez seulement la face inférieure du cube dans le liquide, vous constaterez une nouvelle transformation : le liquide aura formé à l'intérieur du cube de fil de fer un petit cube dont les faces sont en eau de savon, et dont les côtés sont réunis par des plans d'eau de savon aux côtés du grand cube ; ces plans forment avec les faces du petit cube six pyramides tronquées parfaitement régulières, et le tout, comme pour les bulles de savon, présente les couleurs irisées de l'arc-en-ciel. Crevez maintenant, avec du papier buvard, une des faces de ce petit cube, et la première figure, dans laquelle le cube central est réduit à un carré, reparaîtra aussitôt.

# LES AIGUILLES ET LES ÉPINGLES FLOTTANTES

JETEZ SUR DU VERRE UNE GOUTTE D'EAU, ELLE S'Y ÉTENDRA ; JETEZ-Y UNE GOUTTE DE MERCURE, ELLE Y RESTERA EN BOULE. CES DEUX PHÉNOMÈNES SONT DUS À CE QUE L'EAU MOUILLE LE verre, et que le mercure ne le mouille pas.

Prenez maintenant une épingle bien sèche ; c'est un corps que l'eau peut mouiller, mais moins facilement que le verre ; supposez que, par un moyen ou par un autre, vous arriviez à la poser assez doucement sur l'eau pour que ce liquide ne la mouille pas, vous verrez alors l'eau prendre des deux côtés de l'épingle une forme convexe, et celle-ci déplaçant un volume d'eau suffisant, vous la verrez flotter à la surface du liquide comme le ferait une allumette.

La même expérience peut se répéter avec une aiguille, et ne croyez pas qu'il s'agisse seulement d'aiguilles et d'épingles très fines : avec les précautions que je vais vous indiquer, vous parviendrez à la réussir avec une grosse épingle de blanchisseuse, ou avec une aiguille à repriser. Je n'ai donc plus qu'à vous indiquer comment on peut poser l'épingle sur l'eau assez doucement pour que l'eau ne la mouille pas.

Vous pourrez d'abord suspendre l'épingle ou l'aiguille sur deux boucles de fil, que vous retirerez délicatement lorsque l'épingle flottera. Mais ceci demande un peu d'attention pour éviter que les fils enlevés ne touchent l'épingle.

## Une fourchette

Vous pourrez encore, avec beaucoup d'adresse, tenir l'épingle par la pointe et la coucher sur l'eau pour ne la lâcher que lorsqu'elle se confondra avec son image. Ce procédé, je le répète, demande une main très sûre. En voici un plus simple, qui consiste à placer l'épingle sur une fourchette, qu'on enfonce dans l'eau en la relevant doucement dans la position verticale. Ce moyen est bien plus pratique que les deux précédents, mais demande encore un peu d'exercice. Enfin, pour terminer, voici un moyen absolument simple, qui permet à un enfant de réussir cette jolie expérience.

## Du papier à cigarettes

Il suffit de poser sur l'eau une feuille de papier à cigarettes, de placer l'épingle dessus, de laisser ce papier tomber au fond lorsqu'il aura été peu à peu imbibé par le liquide, et l'épingle flottera sur l'eau sans aucune difficulté. On pourra enlever doucement le papier, afin de cacher aux spectateurs le stratagème que l'on a employé.

Grâce au procédé du papier, on peut arriver à faire flotter sur l'eau une pièce de 5 francs en or ou une pièce de 20 centimes.

## La boussole économique

Aimantez une aiguille, en frottant sa pointe contre un aimant, et faites-la flotter sur l'eau par un des procédés indiqués ci-dessus, vous aurez là une des meilleures boussoles qui existent, la partie aimantée indiquant exactement le Nord. Voilà une boussole qui ne coûte pas cher de fabrication et que nous utiliserons dans une prochaine expérience.

## L'abordage de deux cuirassés

Vous pouvez exécuter en petit, dans votre verre d'eau, l'abordage de deux vaisseaux cuirassés, réalisé par deux épingles, ce qui exclut toute idée d'aimantation.

Faites flotter deux épingles au lieu d'une, et, en soufflant dessus, éloignez-les le plus possible l'une de l'autre. Lorsque l'eau sera au repos, vous les verrez se diriger l'une vers l'autre, lentement d'abord, puis plus vite ; enfin, elles fondront l'une sur l'autre avec furie, et se colleront bord à bord, à moins que la violence du choc ne les ait précipitées au fond du verre.

C'est encore un phénomène de capillarité qui se produit ici : les deux corps flottants s'attirent parce que tous deux sont mouillés ; deux balles de liège, mouillées par l'eau, s'attireraient de même ; mais si nous enduisions l'une d'elles de noir de fumée, non mouillé par l'eau, nous les verrions se repousser.

# LA ROTATION DE LA TERRE

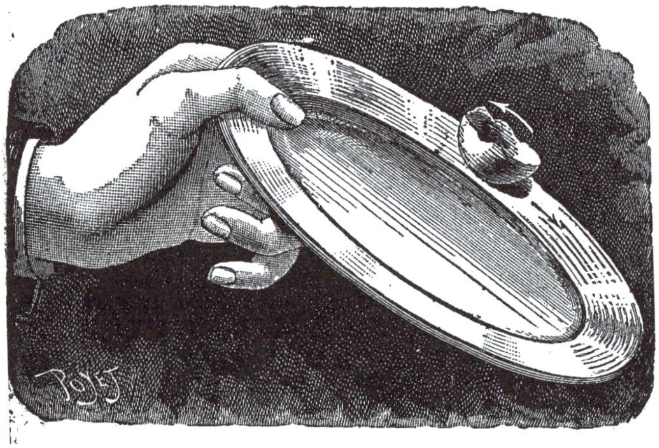

LORSQUE VOUS MANGEREZ DES ŒUFS À LA COQUE, N'OUBLIEZ PAS D'ESSAYER L'EXPÉRIENCE SUIVANTE, QUI RÉUSSIT TOUJOURS ET AMUSE BEAUCOUP LES ASSISTANTS.

Humectez légèrement d'eau la bordure de votre assiette, dessinez avec le jaune de l'œuf (vous voyez que la couleur n'est pas loin) un soleil aux rayons d'or au centre de cette assiette, et vous voilà muni d'un appareil suffisant pour expliquer à un enfant le double mouvement de notre planète, qui tourne sur elle-même en tournant autour du soleil. Vous n'aurez pour cela qu'à poser votre morceau de coquille sur la bordure de l'assiette : en inclinant convenablement celle-ci par un petit mouvement du poignet, vous verrez la coquille se mettre à tourner rapidement sur elle-même, tout en se déplaçant autour de l'assiette.

La légère cohésion produite par l'eau qui mouille l'assiette empêche la coquille de s'échapper au dehors, par suite de la force centrifuge.

**Note**

En collant au centre de la coquille un petit personnage en papier découpé, on le voit valser tout autour de l'assiette.
De là l'invention du jouet appelé « le Tom Tit », qui représente une petite ballerine faisant des pirouettes.
Plusieurs coquilles, portant chacune un couple de valseurs en papier, peuvent évoluer sur un grand plateau légèrement mouillé ; on a ainsi la reproduction d'un bal en miniature du plus curieux effet.

# FAIRE FLOTTER VERTICALEMENT DES BOUCHONS DE LIÈGE

Une cuvette ou un baquet d'eau et sept bouchons, voilà tout le matériel nécessaire pour cette expérience ; j'espère qu'elle n'en sera pas moins intéressante pour nos lecteurs, à qui je propose de *faire flotter ces bouchons sur l'eau, mais en les maintenant dans la position verticale*. Nous savons tous que la forme des bouchons de bouteille, qui est celle d'un cylindre allongé, les force, lorsqu'ils flottent, à se coucher sur le liquide, l'axe du cylindre ayant une position horizontale ; comment ferons-nous donc pour les faire rester debout ?

Mettez l'un des bouchons debout sur une table ; entourez-le des six autres bouchons, qui seront également debout ; saisissez tout le système avec une main, et plongez-le dans l'eau de façon à mouiller complètement les bouchons ; retirez-les en partie de l'eau, et abandonnez-les à eux-mêmes. L'eau qui a pénétré par capillarité entre les bouchons mouillés les maintiendra soudés entre eux, et, bien que chaque bouchon soit dans un équilibre instable, l'ensemble ainsi obtenu sera stable, la largeur de notre radeau improvisé étant plus grande que la hauteur d'un bouchon.

## Union et cohésion

Cette récréation, qui nous démontre la cohésion produite par un phénomène capillaire, vient nous prouver une fois de plus la vérité de notre vieil adage : *« L'union fait la force. »*

**Note**

Dans les tubes de thermomètres dits tubes capillaires, le niveau du liquide n'est pas horizontal ; avec de l'alcool, qui mouille le verre, il se forme un *ménisque concave* ; avec le mercure, qui ne le mouille pas, le ménisque est *convexe*.
La capillarité joue un rôle important dans les mouvements de la sève chez les végétaux.

# LE TOURNIQUET HYDRAULIQUE FAIT AVEC UNE NOIX ET DEUX NOISETTES

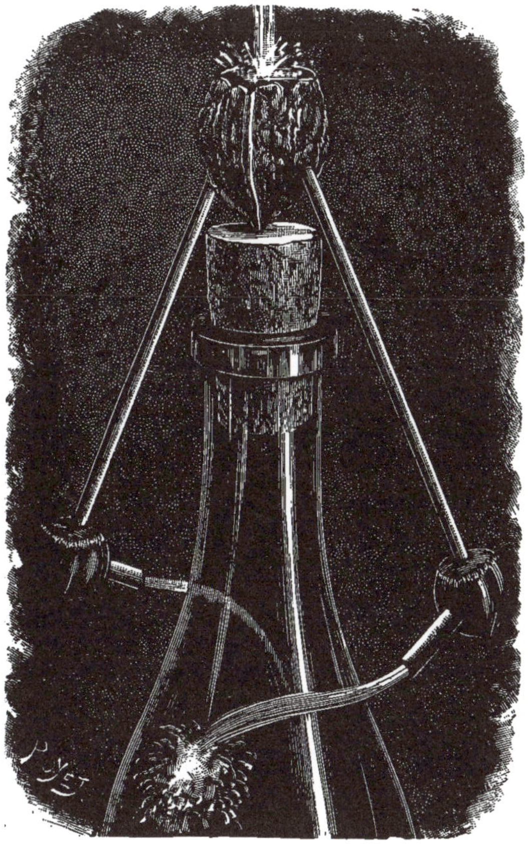

Un brin de paille de seigle, une noix, deux noisettes, voilà tout ce qu'il faut pour construire l'appareil. Coupez le bout de la noix opposé à l'extrémité pointue, videz-la, mangez-la, si le cœur vous en dit, puis percez de part et d'autre, et à proximité de la pointe, deux trous bien ronds, ayant exactement le diamètre de votre paille.

Creusez dans une noisette deux trous, l'un dans la partie plate et grisâtre opposée à la pointe, l'autre, plus petit, sur le côté, et videz la noisette de son amande au moyen d'un petit bout de fil de fer, recourbé en crochet. Faites aussi deux trous, de la même manière, dans une seconde noisette, et réunissez les deux noisettes à la noix au moyen de deux bouts de votre paille, de 10 centimètres de longueur environ, enfoncés d'une part dans les trous de la noix, de l'autre, dans les trous pratiqués à la partie plane des noisettes. Dans les deux trous latéraux des noisettes enfoncez deux petits bouts de paille de 2 centimètres de longueur et d'un plus petit diamètre que les tubes principaux.

## Tourniquet hydraulique

Cela fait, placez la pointe de la noix sur le bouchon d'une bouteille ; le système se tiendra en équilibre, et si, à ce moment, vous faites couler dans la noix un mince filet d'eau, cette eau s'écoulera par les deux pailles dans les noisettes, d'où elle s'échappera au dehors par les petits ajutages latéraux, en provoquant la rotation de l'appareil, par suite de la réaction de l'eau contre les faces des noisettes opposées aux orifices de sortie. C'est le phénomène bien connu du *tourniquet hydraulique*, que l'on voit dans tous les traités de physique ; mais la construction rustique que nous en donnons aujourd'hui nous a semblé digne d'être indiquée à nos lecteurs.

Pour faire les trous dans la noix et les noisettes, il faut prendre quelques précautions, afin de ne pas éclater les coquilles et surtout de ne pas casser la pointe du canif ; le mieux est de prendre un fil de fer rougi au feu, qui permet d'élargir graduellement les trous jusqu'au diamètre voulu.

Quel que soit le procédé choisi, cela demande un peu d'adresse et de patience ; mais rappelons-nous que c'est à propos d'une noix que le fabuliste a dit : « Sans un peu de travail, il n'est point de plaisir. »

# LE TOURNIQUET EN PAILLE

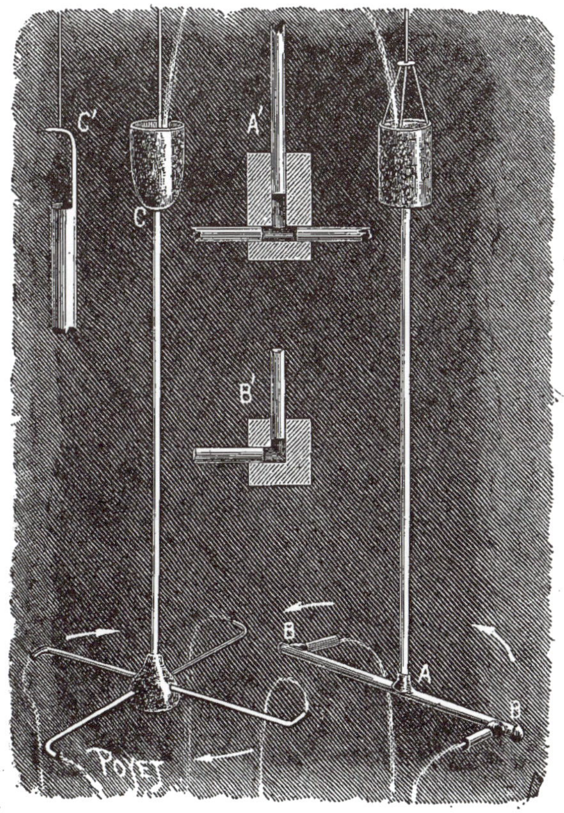


Un bouchon, que vous choisirez le plus gros possible, sera évidé de façon à former un petit récipient pour le liquide ; vous percerez dans le fond un trou dans lequel vous fixerez l'extrémité d'un brin de paille de seigle d'environ 40 centimètres de longueur. À l'autre extrémité de cette paille, en A (voir la figure de droite du dessin), vous collerez, avec un peu de cire à cacheter, un autre brin transversal, percé en son milieu d'un trou qui le fera communiquer avec le tube vertical.

## Un effet de réaction

Les extrémités de ce tube transversal auront été bouchées à la cire, et vous aurez percé, sur deux côtés opposés, deux trous correspondant à deux petits brins de paille de 2 centimètres de longueur, collés à la cire et servant d'ajutages. Taillez en biseau les extrémités de ces ajutages, pour faciliter la sortie de l'air et, par suite, l'écoulement du liquide.

Reliez votre bouchon à un petit disque de métal (un bouton, par exemple) au moyen de trois fils attachés à ses bords, suspendez le bouton par son centre à un fil vertical et mettez-le sous un mince filet d'eau : l'eau s'écoulera par les deux ajutages, et, comme ceux-ci sont disposés à l'opposé l'un de l'autre, tout l'appareil se mettra à tourner, dans le sens des flèches, avec une grande vitesse, par l'effet de réaction dont nous venons de parler au chapitre précédent.

Pour éviter les difficultés des assemblages collés avec de la cire, vous pourrez faire l'assemblage à l'aide de trois petits bouchons, comme l'indiquent les coupes figurées au milieu de notre dessin.

Le bouchon du milieu, percé par deux trous à angle droit, recevra la paille verticale A' et deux pailles transversales horizontales B'. Deux bouchons plus petits serviront à relier les ajutages à ces deux traverses B'.

## Tube de cuivre et rhum

Enfin, si la paille ne nous semble pas assez solide, nous pourrons la remplacer par un mince tube de cuivre, comme, par exemple, celui qui sert aux tringles de rideaux dites à coulisse. Le bout du tube qui pénètre dans le récipient supérieur sera coupé et replié comme on le voit en C', et suspendu à un fil de fer autour duquel l'ensemble de l'appareil tournera. Vous pourrez mettre quatre tubes transversaux au lieu de deux ; en repliant légèrement leurs extrémités, comme l'indique le dessin, vous supprimerez les ajutages.

Suspendez l'appareil ainsi modifié au-dessus de la table, après avoir éteint la lampe ; versez du rhum chaud dans le godet formé par le bouchon ; allumez à la sortie les minces filets de liquide qui sortiront en tourbillon lumineux : ils retomberont en pluie de feu sur le plum-pudding ou l'omelette que l'on vient de placer au-dessous, et vous verrez l'effet produit sur vos invités par cette pyrotechnie d'un nouveau genre !

# LE TOURNIQUET-SIPHON

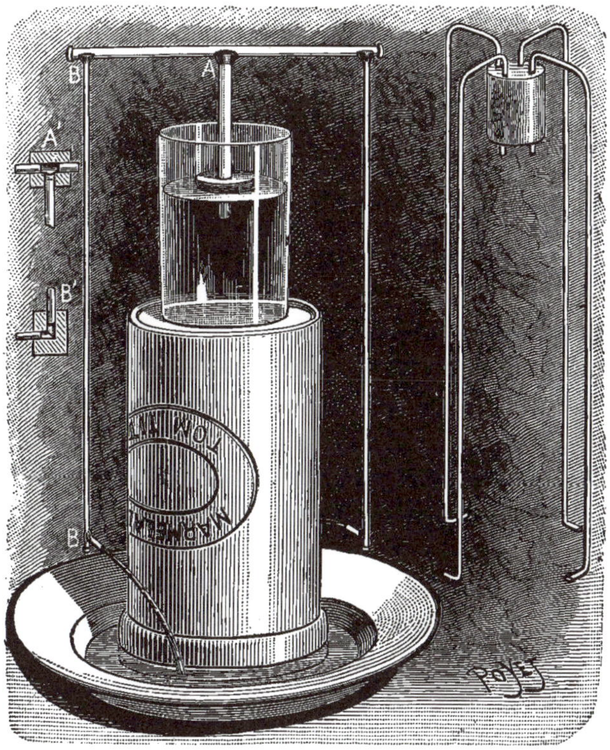


UNE PAILLE CENTRALE ENFONCÉE DANS UN LARGE BOUCHON À MOUTARDE SUPPORTE UNE PAILLE TRANSVERSALE DE MÊME GROSSEUR ; LES DEUX PAILLES PENDANTES SONT PLUS MINCES. Elles sont reliées par des joints à la cire B, d'une part avec la paille horizontale supérieure, de l'autre avec deux petits ajutages représentés sur le dessin. Les deux bouts des pailles pendantes et ceux de la paille transversale sont bouchés avec de la cire.

L'appareil ainsi construit réalise, croyons-nous, une nouveauté scientifique des plus intéressantes, car il réunit les *propriétés du tourniquet et celles du siphon*. Après avoir posé le bouchon sur l'eau contenue dans un vase, ce qui fait tremper dans le liquide le bout de la paille centrale, on aspire à deux personnes, chacune à l'un des ajutages, et, dès que l'écoulement commence, tout l'appareil se met à tourner en vidant le vase peu à peu, jusqu'à ce que la paille transversale soit descendue assez bas pour venir se poser sur le bord du vase.

## Indéfiniment

En alimentant ce vase d'eau d'une façon continue, de façon à maintenir le niveau constant, l'appareil fonctionne indéfiniment. Ce principe pourra rendre de grands services aux hydrauliciens pour obtenir des effets d'eau sans aucun mécanisme.

On peut, comme nous l'avons indiqué pour un précédent appareil, faire les assemblages à l'aide de bouchons A'B' pour remplacer la cire ; on peut également remplacer les pailles, trop fragiles, par des tubes de cuivre très minces repliés comme l'indique la figure de droite de notre dessin, et enfoncés dans le même bouchon ; cette disposition permet d'employer un nombre quelconque de tubes, et la même personne peut les amorcer tous successivement.

Si vous adoptez la paille, coupez en biseau les extrémités des ajutages pour faciliter la sortie de l'air ; si vous préférez le métal, aplatissez légèrement les orifices de sortie du liquide pour en diminuer la section et diminuer la vitesse de l'écoulement.

# PROPRIÉTÉS DES GAZ

# LE DIABLE AU CHAMPAGNE

À LA FIN D'UN JOYEUX REPAS ARROSÉ DE CHAMPAGNE, AU MOMENT OÙ LE VIN ET LA GAIETÉ PÉTILLENT, PROPOSEZ À VOS CONVIVES DE FAIRE APPARAÎTRE LE DIABLE, ET CELA SANS AVOIR RECOURS AUX invocations des sorciers et magiciens du Moyen Âge.

Il vous suffira de tailler dans le carton bristol de l'un des menus une bande d'environ 2 centimètres de largeur, en ménageant à l'une des extrémités un petit rectangle, dans lequel vous découperez un diablotin plus ou moins artistique. Fixez cette bande, par une épingle, au bouchon d'une bouteille, de façon que la bande de carton ou levier supportant la figure oscille autour de l'épingle, la partie qui porte le diable se trouvant être la plus longue.

Prenez maintenant dans le compotier un raisin de Malaga bien sec, que vous suspendrez par un fil à l'autre bout du levier, et faites tomber le raisin au fond de votre verre plein de champagne. Vous aurez calculé la longueur du fil de manière que le levier soit à peu près horizontal. Devant la bouteille supportant l'appareil, placez une serviette posée sur deux autres bouteilles, et qui masquera aux yeux des spectateurs votre verre, ainsi que le fil et le raisin. Le public ne doit pas, en effet, connaître la simplicité du moyen employé.

## Plongé dans le vin

Les bulles de gaz (l'acide carbonique) qui se dégagent du vin de champagne viendront se grouper tout autour du raisin, qu'elles rendent de plus en plus léger, et au bout de quelques secondes d'immersion celui-ci montera à la surface du liquide. Le fil n'étant plus tendu, le poids de la figure fera pencher le levier de son côté, et le diable disparaîtra derrière la serviette. Sa hauteur doit donc, comme on le voit, être égale ou inférieure à la hauteur du vin dans le verre.

Une fois le raisin amené à la surface, les bulles d'acide carbonique crèvent dans l'air ; le raisin, n'étant plus soutenu par ces flotteurs éphémères, replonge dans le vin de plus belle, tire sur le fil, et Satan reparaît. Ce mouvement alternatif du raisin dure pendant plus de dix minutes, que l'on se serve de champagne ou tout simplement d'eau de Seltz.

Si quelques-unes de nos expériences offrent dans leur exécution une certaine difficulté, nos lecteurs ne pourront pas faire le même reproche à celle-ci, et les bébés à qui elle est dédiée s'amuseront probablement beaucoup en criant au petit diable, leur confrère : « Coucou ! Ah ! Le voilà ! »

# LES BULLES DE SAVON ET L'ACIDE CARBONIQUE

VOICI D'ABORD UNE MANIÈRE DE PRÉPARER LE GAZ ACIDE CARBONIQUE QUI EST À LA PORTÉE DE TOUT LE MONDE. PRENEZ UN VERRE LARGE ET PROFOND, UN VERRE À BIÈRE, PAR EXEMPLE, dans lequel vous introduirez le bec d'un siphon d'eau de Seltz.

En appuyant sur le levier d'une manière intermittente, vous ferez tomber dans le verre de petits jets d'eau de Seltz ; aspirez cette eau à l'aide d'un tuyau de paille, en ne maintenant au fond du verre qu'une couche de 1 à 2 centimètres de liquide. Une fois le siphon et le verre vidés comme je viens de le décrire, votre verre se trouvera plein d'acide carbonique qui se sera dégagé de l'eau de Seltz et qui, déplaçant l'air du verre, se maintient au fond de celui-ci en vertu de sa grande densité (on sait que l'acide carbonique est deux fois plus lourd que l'air).

## Bulle rebondissante

Recouvrons notre verre d'une soucoupe, pour empêcher la diffusion de l'acide carbonique dans l'air, et nous voilà prêts à exécuter les expériences suivantes avec des bulles de savon :

1° Préparez le liquide dont nous avons indiqué la composition pour *les Métamorphoses d'une bulle de savon* (page 71) et, à l'aide d'une paille fendue en quatre, soufflez une bulle, que vous laisserez tomber dans votre verre B plein d'acide carbonique. Dès qu'elle arrivera à la couche de gaz, vous la verrez rebondir hors du verre, sous l'action d'une poussée supérieure à son poids, tandis qu'une autre bulle, placée dans un verre A non préparé, ira se briser au fond de ce verre.

2° En posant doucement votre bulle sur la surface de la couche d'acide carbonique, vous serez témoin d'un phénomène curieux : votre bulle grossit, augmente de poids et s'enfonce dans le verre, tout en augmentant de diamètre comme on le voit en C, jusqu'à ce qu'elle vienne se briser contre les parois de ce verre. Cela tient à ce que l'acide carbonique s'introduit dans la bulle par endosmose, ce qui augmente le volume et le poids de la bulle primitivement pleine d'air. Si vous ne pouvez vous procurer le liquide glycérique (liquide de Plateau), vous vous contenterez d'une bonne eau de savon.

# LA PRESSION ATMOSPHÉRIQUE FIXANT LES BOUTEILLES AUX ASSIETTES

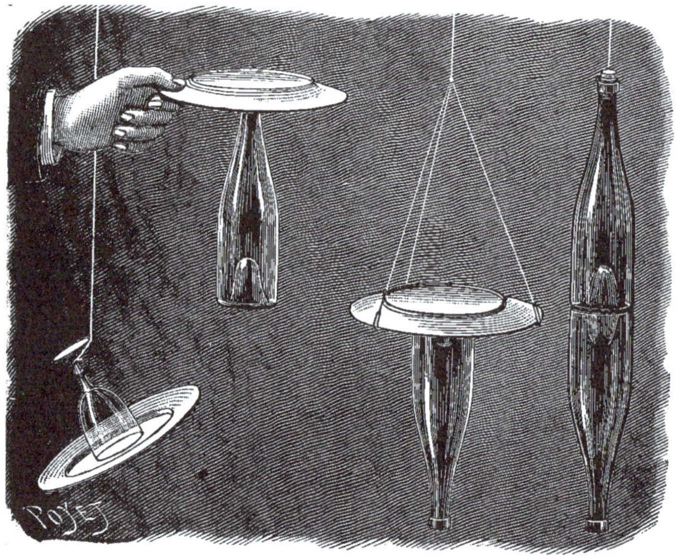

NOTRE DESSIN RESSEMBLE FORT AUX PROSPECTUS DES FABRICANTS DE CIMENT POUR RECOLLER LE VERRE ET LA PORCELAINE ; MAIS CE N'EST PAS DE COLLE QUE NOUS NOUS SERVIRONS pour faire adhérer les uns aux autres les assiettes, verres et bouteilles qu'il représente. Nous utilisons simplement la *pression atmosphérique*, et les diverses expériences que nous allons indiquer ne sont autres que des variantes de l'expérience classique des hémisphères de Magdebourg.

Comme nous n'avons pas à notre disposition de machine pneumatique, nous ne pouvons produire qu'un vide partiel ; mais ce vide suffira pour les différents cas que nous allons examiner.

## Le verre et l'assiette

Suspendez au plafond un verre par son pied, et faites brûler au-dessous un morceau de papier : l'air se dilatera par la chaleur, ce qui produira, par suite de son refroidissement, un vide relatif à son intérieur ; ce vide partiel sera suffisant pour que la pression atmosphérique fasse adhérer contre le verre une assiette en porcelaine, que vous aurez solidement maintenue contre le verre avant le refroidissement de l'air chaud qu'il contenait.

Vous empêcherez l'introduction de l'air extérieur en enduisant légèrement de suif les bords du verre.

## L'assiette et la bouteille – Les deux bouteilles soudées

La surface du goulot de la bouteille étant faible, cette expérience est assez délicate à réussir ; on y parvient cependant en faisant dans la bouteille le vide le plus parfait possible : vous n'avez pour cela qu'à placer le goulot de votre bouteille au-dessus d'une bouillotte d'eau en ébullition ; une fois la bouteille pleine de vapeur d'eau, vous l'appliquerez, après en avoir graissé les bords, contre l'assiette, et lorsque le refroidissement a produit un vide suffisant, vous vous apercevez qu'en enlevant l'assiette, la bouteille y reste adhérente.

Les deux bouteilles soudées par leur fond, et la bouteille collée par son fond à l'assiette sont des expériences plus faciles à réussir ; cette fois, c'est le fond des bouteilles que vous maintiendrez un instant au-dessus de la vapeur d'eau. Je ne puis entrer ici dans des calculs compliqués ; il me suffira de montrer, par un seul exemple, que ces expériences n'ont rien qui doive surprendre.

Rappelons-nous, en effet, que, par suite de la pesanteur de l'air (faisant équilibre à la colonne de 76 centimètres de mercure du baromètre), la pression exercée par l'atmosphère sur 1 centimètre carré est de 1,33 kilogramme. Donc, l'extrémité d'une bouteille offrant une surface d'environ 30 centimètres carrés, le fond dans lequel un vide complet aurait été produit pourrait supporter un poids de 30 kilogrammes.

# LE PENDULE ÉMOUVANT

Nous savons que, si nous remplissons d'eau entièrement un verre à bordeaux et que nous le couvrions d'une feuille de papier fort, de façon à éviter l'introduction de bulles d'air, le papier adhérera aux bords du verre, par suite de la pression atmosphérique, assez fortement pour que nous puissions brusquement retourner le verre sans voir le liquide s'en échapper.

Voici une application de ce principe : attachez un fil au centre du carton qui recouvre le verre, en faisant traverser ce fil et en le retenant par un nœud ; puis bouchez le trou au moyen d'une boulette de cire pour éviter toute rentrée d'air.

Suspendez le verre, au moyen de ce fil, à un crochet fixé au plafond, et vous aurez ainsi un pendule, que vous pouvez faire osciller assez fort sans que le verre tombe. Non seulement on parvient à faire ainsi osciller un petit verre pendant une journée entière, mais encore on peut réussir l'expérience avec un grand verre contenant de l'eau et des gros sous.

Les opérateurs feront bien de graisser le bord du verre avec du suif, pour augmenter son adhérence avec le carton… et surtout de n'exécuter au début l'expérience qu'avec un verre incassable.

# ENLEVER UN VERRE AVEC LA MAIN OUVERTE

IL S'AGIT D'ÉLEVER EN L'AIR UN VERRE PRESQUE PLEIN D'EAU, EN LE FAISANT ADHÉRER À LA PAUME DE LA MAIN TENUE GRANDE OUVERTE. VOUS DEVINEZ QUE CE PHÉNOMÈNE EST DÛ À UN VIDE PARTIEL existant au-dessous de la main, mais vous seriez bien aise de savoir comment ce vide a été obtenu.

Le moyen est des plus simples ; le voici : posez sur une table votre verre et appliquez sur l'orifice la paume de votre main, en ayant soin de plier les quatre doigts à angle droit, comme l'indique la figure inférieure de notre dessin.

Si maintenant, en continuant d'appuyer la paume de la main sur le pourtour du verre, vous relevez brusquement les quatre doigts, de manière à avoir la main étendue, vous aurez produit au-dessous de votre main un certain vide, suffisant pour permettre à la pression atmosphérique de combattre l'effet de la pesanteur, et le verre d'eau, formant ventouse, restera adhérent à votre main.

# LE CLOU DANS LA BOUTEILLE

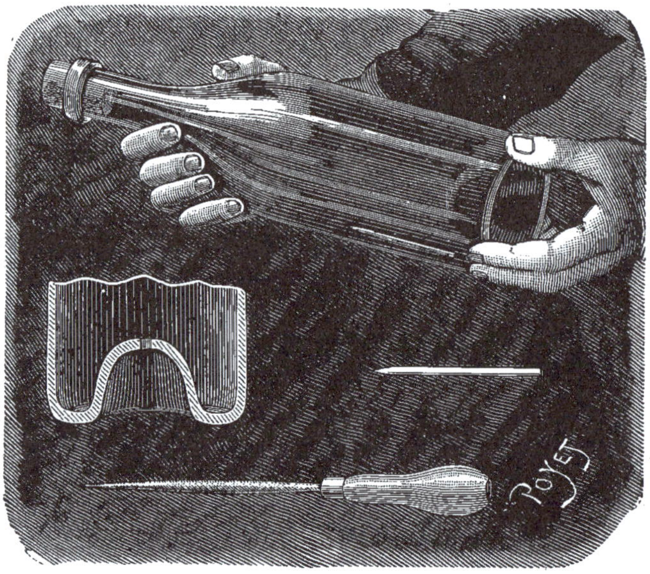


Il y a bien des amusements auxquels nous nous sommes livrés avec des bouteilles, et je vous proposerai aujourd'hui de prendre une bouteille pleine d'eau, de la boucher avec un bouchon recouvert de cire, puis d'introduire dans cette bouteille un gros clou, long comme le doigt, et cela sans ôter le bouchon !

Lorsque je vous aurai initiés au petit subterfuge qu'il faut employer, vous n'aurez plus de plaisir à voir exécuter l'expérience, mais vous aurez au moins celui de mystifier ceux de vos amis qui en seront les témoins.

Choisissez une bouteille en verre foncé et à fond très relevé à l'intérieur, et pratiquez un trou rond au centre de ce fond, en secret bien entendu, et de la manière suivante : tenant votre bouteille renversée, vous ferez tomber dans le creux du fond, et d'une certaine hauteur, la pointe d'une petite lime ronde connue sous le nom de *queue-de-rat*. Au bout de quelques coups, vous constaterez que vous avez creusé dans le fond de votre bouteille un petit trou plus ou moins régulier. Vous l'arrondirez en promenant la lime autour de ses bords, de façon à obtenir un trou bien cylindrique, ayant le diamètre du clou qu'il s'agit de faire entrer dans la bouteille.

## De la science ?

Vous vous demanderez peut-être ici en quoi l'introduction du clou peut paraître difficile : creuser un trou dans un vase ou une bouteille et faire entrer un clou par ce trou semble d'une simplicité enfantine ; en quoi l'expérience présente-t-elle un côté scientifique ?

Il me suffira de vous rappeler que notre bouteille n'est pas vide, mais que nous l'apportons sur la table pleine d'eau et bouchée. Nous aurons commencé par fermer avec un bouchon le petit trou inférieur de la bouteille, puis nous l'aurons remplie jusqu'au bord et bouchée avec soin ; à ce moment, nous pourrons ôter le bouchon du petit trou sans qu'une seule goutte de liquide s'échappe, puisque, aucune bulle d'air ne restant dans la bouteille, l'écoulement ne saurait avoir lieu.

Mais, en nous voyant poser notre bouteille pleine d'eau sur la table, aucun des spectateurs ne soupçonnera l'existence du trou à la partie inférieure ; dès lors, tenant le goulot de la main droite et appuyant le fond sur la main gauche où se trouve le clou, il nous sera facile d'introduire celui-ci en le laissant glisser, par le trou, dans la bouteille, que vous agiterez pour montrer que le clou se trouve bien réellement à l'intérieur. La couleur foncée du verre complétera l'illusion.

Il est bon de limer la tête du clou pour n'avoir pas à faire un trou trop large dans la bouteille, ce qui, facilitant la rentrée de quelques bulles d'air, permettrait la sortie de quelques gouttes de liquide.

# ASCENSION D'UN VERRE DE LAMPE

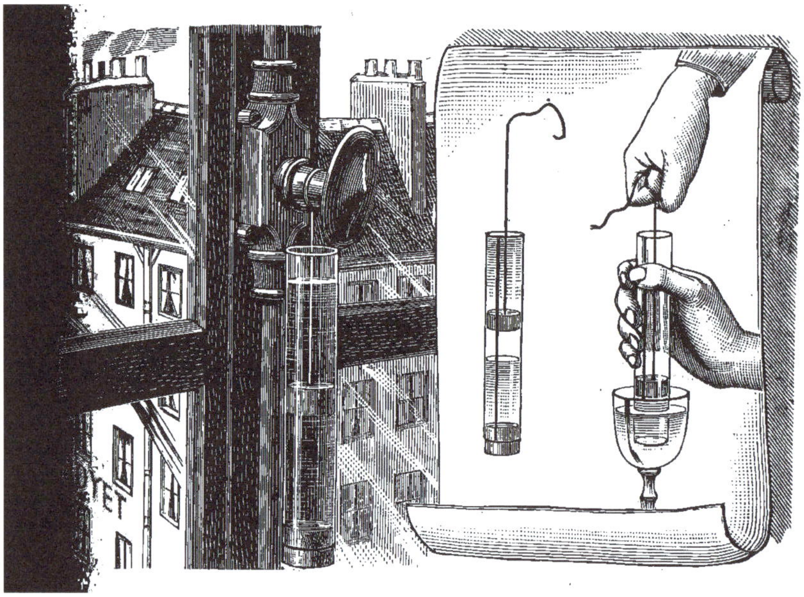

Voici la manière de faire monter un verre de lampe à la corde lisse. Un verre de lampe bien cylindrique, deux gros bouchons ayant exactement le diamètre de ce verre et une ficelle, voilà tous les accessoires nécessaires ; ils sont, vous le voyez, bien faciles à se procurer ; mais, l'exécution de l'expérience présentant certaines difficultés de détail, je vais en décrire minutieusement les diverses phases :

1° Passez votre ficelle à travers l'un des bouchons que j'appellerai A, maintenez-la par un nœud et introduisez l'autre extrémité dans le verre ; saisissez cette extrémité de l'autre côté, et tirez jusqu'à ce que le bouchon A commence à entrer dans le tube. Plongez la partie ainsi bouchée dans un verre d'eau ; en tirant sur la ficelle, vous ferez glisser A dans le tube comme un piston dans un cylindre de pompe ; l'eau montera dans le verre de lampe (voyez la figure de droite de notre dessin) ;

2° Lorsque le bouchon A sera arrivé vers le milieu du tube, bouchez ce tube sous l'eau avec le second bouchon B de manière à empêcher toute rentrée d'air, et versez de l'eau dans la partie supérieure du tube, mais sans le remplir ;

3° Suspendez le tube par la ficelle à un clou ou à la poignée de la crémone, par exemple, et tirez *sans secousse* de haut en bas jusqu'à ce que le niveau de l'eau arrive au bord supérieur de ce tube.

## Le verre monte

Ces trois opérations exécutées, vous n'avez plus qu'à vous croiser les bras et à regarder ce qui va se passer. Or, ce qui se passe est assez curieux : *le verre monte lentement le long de la ficelle,* de manière à reprendre sa première position, et le niveau de l'eau qui venait affleurer à sa partie supérieure se trouve maintenant bien au-dessous.

À première vue, on se figure que le bouchon A est redescendu ou que l'eau de la partie supérieure a traversé le bouchon ; mais en recommençant et examinant de près les choses, vous constaterez que c'est bien le tube de verre qui remonte seul, car le bouchon A pendu à la ficelle ne peut bouger de place, et, d'autre part, l'eau n'a pu traverser le bouchon qui ferme hermétiquement le tube.

## Espace vide

La cause du phénomène est, du reste, bien simple : lorsque vous tirez sur le tube pour le faire descendre, vous créez un certain *espace vide* entre le dessous du bouchon A et le niveau de l'eau qui est dans la partie inférieure du tube ; par suite du vide ainsi créé, la pression atmosphérique s'exerce au dehors sur la base du bouchon B, et, le repoussant en l'air, force le tube à remonter avec lui, en glissant sur le bouchon A.

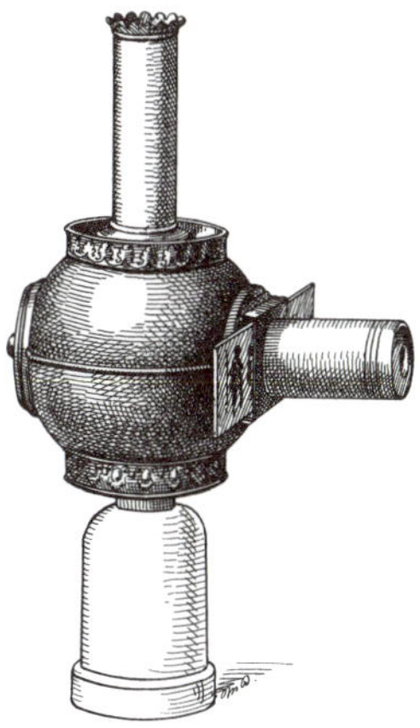

# VIDER UN VERRE AVEC UNE BOUTEILLE PLEINE (SIPHON)

JE VOUS DONNE UN VERRE PLEIN D'EAU ET UNE BOUTEILLE PLEINE D'EAU ÉGALEMENT, ET JE VOUS DEMANDE DE VIDER LE VERRE AVEC LA BOUTEILLE, ET CELA SANS VIDER LA BOUTEILLE ! Le problème semble, n'est-ce pas, très compliqué ? Vous allez voir comme la solution en est simple.

Traversez un bouchon par deux trous dans lesquels vous fixerez *à frottement* deux brins de paille, l'un ayant pour longueur la profondeur du verre, l'autre ayant une longueur double. Avec une boulette de mie de pain ou de la cire, fermez l'orifice du petit brin, et enfoncez l'autre dans la bouteille remplie, jusqu'à ce que l'eau jaillisse par le bout de la grande paille.

Pour vider le verre, il suffit alors de renverser la bouteille, comme l'indique le dessin, de manière que la petite paille plonge jusqu'au fond du verre ; on coupe cette paille avec des ciseaux tout près de son extrémité bouchée, et aussitôt l'eau du verre s'écoule par la grande paille jusqu'à ce que le verre soit complètement vidé, et sans que la bouteille ait cessé d'être pleine.

## Branches d'un siphon

Quant à l'explication du phénomène, la voici : les deux pailles forment les deux branches d'un siphon, qui n'a pas besoin d'être amorcé puisque ses branches sont pleines de liquide, et à mesure qu'une certaine quantité d'eau s'écoule par la grande paille, elle tend à créer dans la bouteille un certain vide. Ce vide est immédiatement comblé par une portion égale de liquide qui entre dans la bouteille par la petite paille, sous l'influence de la pression atmosphérique s'exerçant sur le niveau du liquide contenu dans le verre.

# LE BATEAU À VAPEUR

DEUX COQUILLES D'ŒUFS VONT NOUS PERMETTRE AUJOURD'HUI DE FAIRE MOUVOIR UN PETIT BATEAU DE CARTON, EN LE TRANSFORMANT EN BATEAU À VAPEUR. LA CONSTRUCTION DU NAVIRE est des plus simples : vous le ferez avec du carton de bristol un peu épais, collé avec de la cire à cacheter, de façon à le rendre bien étanche.

Des épingles et du fil noir représenteront le bordage, et à l'arrière vous disposerez un gouvernail oscillant autour d'une épingle, et relié au bordage par deux fils inégaux, afin d'avoir une certaine inclinaison par rapport à l'axe du bateau ; ceci, dans le cas où votre océan sera contenu dans un baquet, dont votre bateau doit faire le tour.

## La chaudière

Deux fils de fer, repliés comme l'indique notre figure, et reposant chacun dans deux encoches pratiquées sur les côtés de la coque, sont destinés à supporter une coquille d'œuf que vous aurez vidée de son contenu en l'aspirant par un petit trou pratiqué à la pointe, puis remplie d'eau de façon que, l'œuf étant horizontal, le niveau de l'eau vienne un peu audessous du petit trou.

L'œuf ainsi à moitié rempli d'eau constituera la *chaudière* ; nous le poserons sur les deux fils de fer, le trou regardant vers l'arrière ; ce trou devra être au-dessus du niveau des bords du bateau. Comme foyer, plaçons au-dessous une demi-coquille d'œuf posée au centre d'un bouchon à moutarde évidé en forme d'anneau et collé au fond du bateau avec de la cire ; cette demi-coquille contiendra un peu de ouate.

## Sans machine ni hélice

Versons sur cette ouate de l'esprit-de-vin et mettons-y le feu. Au bout de quelques secondes l'eau se met en ébullition, et vous verrez un petit filet de vapeur sortir par l'extrémité trouée de la coquille. Par suite de la *réaction* de ce jet de vapeur contre l'air, votre bateau se mettra en mouvement dans le sens opposé à la sortie de la vapeur, et vous aurez ainsi le spectacle d'un petit navire à vapeur naviguant sans machine, sans roues et sans hélice.

# LE COUP DE CANON

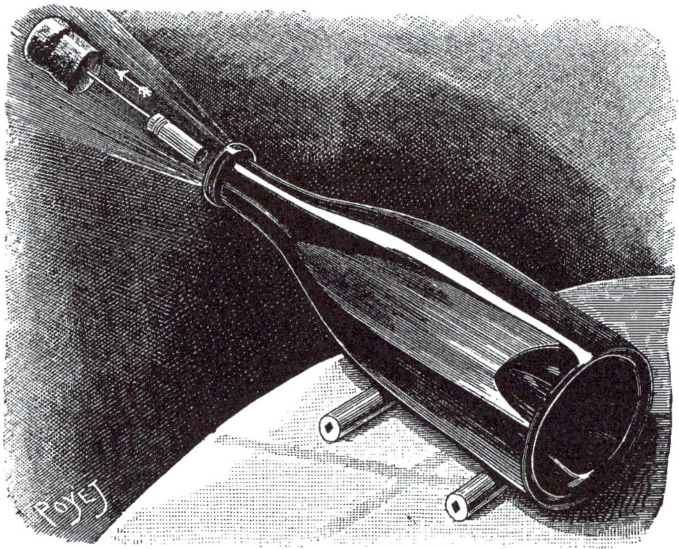


VOULEZ-VOUS, À TABLE, AVOIR L'ÉMOTION D'UN COUP DE CANON, ENTENDRE LA DÉTONATION QUI EFFRAYE LES PERSONNES NERVEUSES, VOIR FILER L'OBUS AVEC LA RAPIDITÉ DE L'ÉCLAIR, et enfin assister au phénomène du recul des pièces d'artillerie ? Vous pouvez hardiment répondre : « Oui ! », car l'expérience que je vous propose est des plus innocentes, ainsi que vous allez en juger.

## Bicarbonate

Prenez une bouteille vide en verre épais (la champenoise est ici tout indiquée) et mettez-y de l'eau jusqu'au tiers de sa hauteur. Faites dissoudre dans cette eau un peu de bicarbonate de soude, contenu, vous le savez, dans les petits paquets que l'on vend pour fabriquer l'eau de Seltz. Vous mettrez la poudre de l'autre paquet (acide tartrique) dans une carte à jouer roulée en cylindre et vous boucherez l'un des bouts de ce tube avec un tampon de papier buvard.

Suspendez maintenant votre gargousse ainsi fabriquée au bouchon de la bouteille, qui est placée debout sur la table, en y piquant une épingle à laquelle vous attacherez un fil ; l'ouverture du tube doit être en haut, et vous bouchez fortement la bouteille avec le bouchon, après avoir réglé la longueur du fil de façon que le bas du tube ne touche pas le liquide.

## Feu !

Voilà notre pièce chargée ; il ne reste plus qu'à faire feu ! Il nous suffit pour cela de poser la bouteille horizontalement sur deux crayons posés parallèlement sur la table, et figurant l'affût. L'eau pénètre dans le tube de carton, dissout l'acide tartrique, et le gaz acide carbonique, qui se produit subitement, chasse le bouchon avec une explosion violente, tandis que, par l'effet de la réaction, la bouteille roule en arrière sur les deux crayons, imitant exactement le recul d'une pièce d'artillerie.

# LA FORCE DU SOUFFLE

Lorsque vous soufflez dans un sac en papier pour le gonfler et le crever ensuite d'un coup de poing afin de produire l'explosion connue, vous êtes-vous demandé quelle force avait votre souffle ? Vous savez que cette force peut être mesurée au moyen d'instruments appelés *spiromètres*, et que l'on voit dans les fêtes foraines. Je vous propose tout simplement de remplacer le spiromètre par un sac en papier.

Le sac doit être assez long, étroit, et fait d'un papier résistant. Posez-le à plat sur le bord d'une table, l'ouverture tournée vers vous, chargez-le avec des poids de plus en plus lourds, gonflez-le en soufflant, et vous serez surpris du poids que votre souffle aura pu ainsi soulever. Culbuter les deux dictionnaires de Bottin placés l'un sur l'autre ne sera pour vous qu'un jeu, ainsi qu'il vous est facile de le constater.

**Remarque**

En étudiant quelle est la force du souffle d'un adulte, on voit qu'il peut soulever un poids bien plus considérable que celui des deux dictionnaires de Bottin. En effet, l'expérience m'a démontré que, sans aucune fatigue, un adulte peut soulever en soufflant un poids égal à son propre poids. Un homme de 75 kilogrammes soulèvera ce poids de 75 kilogrammes sans effort, et voici comment l'expérience peut être organisée : prenez un de ces sacs en caoutchouc servant à contenir l'oxygène pour les projections à la lumière oxhydrique ; placez sur ce sac un tapis sur lequel vous monterez, et soufflez dans le sac à l'aide d'un tube de caoutchouc fermé par un robinet. Chaque fois que vous voulez reprendre votre souffle, fermez ce robinet pour le rouvrir dès que vous soufflez de nouveau ; en quelques instants, le sac sera gonflé et aura soulevé de terre l'opérateur.

# LE BOUCHON RÉCALCITRANT

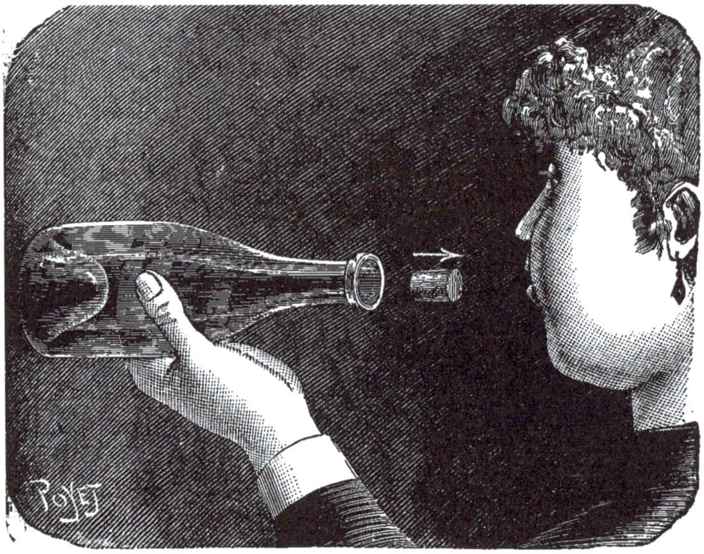

PRENEZ UN BOUCHON PLUS PETIT QUE L'INTÉRIEUR DU GOULOT D'UNE BOUTEILLE ORDINAIRE, UN BOUCHON DE FIOLE DE PHARMACIE PAR EXEMPLE, ET PROPOSEZ À QUELQU'UN DE LE FAIRE entrer dans la bouteille en soufflant dessus.

Cela semble tout simple, et votre interlocuteur s'empresse de souffler à pleins poumons sur le petit bouchon ; mais celui-ci, au lieu d'entrer dans la bouteille, s'en échappera avec d'autant plus de vitesse qu'on aura soufflé plus fort ; on recommence l'essai, en soufflant cette fois tout doucement : le résultat est encore négatif, et le bouchon s'obstine à sortir au lieu de pénétrer dans la bouteille.

## Faire ressort

Voici l'explication de ce phénomène, qui intéresse et amuse tous les témoins de l'expérience. En soufflant sur le bouchon, une certaine quantité d'air pénètre en même temps dans la bouteille, et s'y comprime assez fortement pour faire ressort contre le bouchon, qui est rapidement projeté à l'extérieur. Si vous avez proposé l'expérience sous forme de pari, vous gagnerez donc à coup sûr, à moins que votre adversaire ne soit, ce que je souhaite pour lui, lecteur de « la Science amusante »*, qui va lui indiquer, non pas une, mais trois manières de remporter la victoire sur le *bouchon récalcitrant* :

1° Puisqu'en soufflant on chasse le bouchon par l'air qui se trouve comprimé dans la bouteille, essayez si en faisant le contraire, c'est-à-dire *en aspirant*, vous ne réussissez pas mieux. Et en effet, l'expérience vous prouve que, en agissant ainsi, vous créez un certain vide dans la bouteille ; dès que votre bouche a quitté le goulot, l'air pénètre à l'intérieur, par suite de la pression atmosphérique, et le bouchon, entraîné dans le courant d'air ainsi produit, glisse immédiatement jusqu'au fond de la bouteille ;

2° Le vide partiel peut être produit *en chauffant* la bouteille au-dessus d'une lampe ou auprès du feu, et le courant d'air froid sortant de votre bouche pourra faire pénétrer le bouchon ;

3° Enfin, si vous avez à votre disposition un petit tuyau de matière quelconque, brin de paille, tuyau de pipe, morceau de macaroni, etc., vous n'aurez, pour réussir, qu'à souffler à travers ce tube, en le dirigeant exactement sur la base du bouchon, qui entrera dans la bouteille.

Quel que soit le moyen que vous aurez adopté, opérez toujours avec une bouteille parfaitement sèche à son intérieur, et essuyez-la chaque fois que la respiration aura produit une buée suffisante pour empêcher le glissement du bouchon le long des parois.

**Remarque**

La même expérience peut se faire avec une carafe à large goulot et un bouchon de bouteille ordinaire.
Présentée en public, elle provoque toujours une vive hilarité de la part de l'assistance.

* Titre de la première édition parue en 1890 *(note de la nouvelle édition)*.

# LA PIÈCE ÉCHAPPÉE

CHOISISSEZ UN VERRE À LIQUEUR DE FORME CONIQUE DONT LE DIAMÈTRE DU BORD SOIT UN PEU PLUS GRAND QUE CELUI D'UNE PIÈCE DE 5 FRANCS ; PLACEZ AU FOND UNE PIÈCE DE 50 CENTIMES, et au-dessus la pièce de 5 francs, qui doit ne descendre que très peu dans le verre ; elle se place horizontalement comme une sorte de couvercle.

Vous pouvez annoncer maintenant que, sans toucher à ce verre ni à la pièce de 5 francs, vous allez faire sortir la pièce de 50 centimes. Il suffit pour cela de souffler violemment sur le bord de la pièce de 5 francs ; celle-ci oscille autour de son diamètre pour se placer verticalement, et en même temps l'air que votre souffle a comprimé sous la pièce de 50 centimes la fait sauter hors du verre, puis la pièce de 5 francs revient à sa position horizontale. On peut réussir cette expérience avec un petit verre à madère ; mais la forme conique est préférable.

# LE PAPILLON QUI VOLE

PROCUREZ-VOUS UN FLACON À LARGE OUVERTURE, FERMÉ PAR UN BOUCHON CREUX DANS LEQUEL VOUS AUREZ ENFONCÉ LE TUYAU D'UN ENTONNOIR EN FER-BLANC, OU MIEUX, EN VERRE, ET, à l'aide de cire à cacheter, bouchez bien tous les vides qui pourraient exister soit entre le bouchon et le goulot de la bouteille, soit entre l'entonnoir et le bouchon.

## Vive effervescence

Remplissez à moitié le flacon avec de l'eau, et jetez-y les deux poudres blanches bien connues qui servent à faire de l'eau de Seltz (bicarbonate de soude et acide tartrique), que l'on trouve chez les marchands en petits paquets préparés à l'avance.

Une vive effervescence se produit dans le liquide, par suite du dégagement du gaz acide carbonique, et ce gaz tend à s'échapper, au fur et à mesure de sa formation, par le tube de l'entonnoir. Mais si vous avez placé dans cet entonnoir deux ou trois petites boules de moelle de sureau ou même de liège (ces dernières, découpées dans un bouchon), le gaz ne pourra plus s'échapper que par intermittence, l'une ou l'autre des boules venant, par l'effet de la pesanteur, boucher l'orifice de l'entonnoir jusqu'à ce que la pression de l'acide carbonique dans le flacon soit devenue suffisante pour soulever la boule.

À ce moment, une partie du gaz s'échappe, la pression diminue, et une des boules retombe de nouveau sur l'ouverture. Le phénomène continue tant que le dégagement du gaz a lieu, et si vous avez coloré diversement les petites boules qui sont ainsi soulevées brusquement dans l'entonnoir, vous verrez que cette danse d'objets inanimés est d'un effet assez original.

## Un beau papillon

Vous pourrez même donner à l'expérience un cachet artistique en collant une de ces petites boules au milieu d'une feuille de papier à cigarette découpée et coloriée de façon à représenter les ailes d'un papillon, et vous verrez ainsi un papillon voltiger dans l'entonnoir et se poser de temps en temps sur son ouverture, comme le ferait un papillon vivant qui se pose sur une fleur.

# FAIRE FUMER UNE CIGARETTE À UN VERRE DE LAMPE

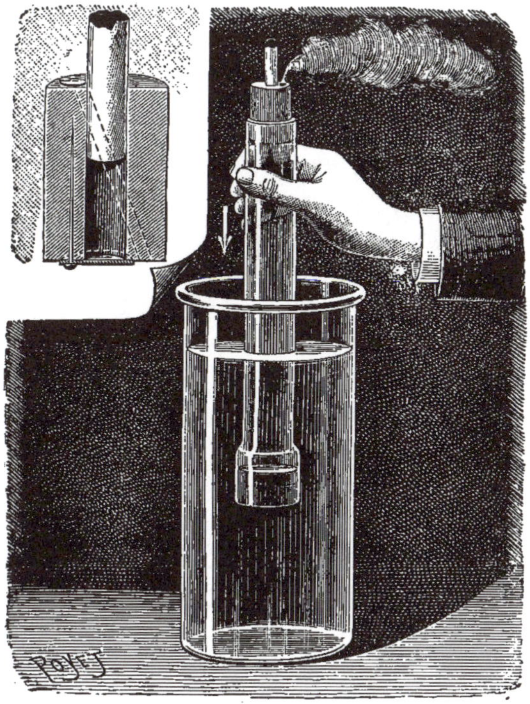

Bouchez une des extrémités d'un verre de lampe avec un gros bouchon qui le ferme hermétiquement et dans lequel vous aurez percé deux trous ; l'un de ces trous, traversant le bouchon suivant son axe, aura exactement le diamètre de la cigarette ; l'autre, oblique par rapport à cet axe, sera d'un diamètre plus petit.

Avec de la peau de gant dans laquelle vous découperez deux rondelles, vous ferez deux soupapes, dont vous fixerez le bord au moyen de deux épingles, la première au-dessus du petit conduit, à l'extérieur du tube, la seconde dans le verre de lampe, et venant s'appliquer contre l'orifice du trou dans lequel la cigarette a été ajustée.

La première soupape, comme on le voit, permet la sortie de la fumée en empêchant la rentrée de l'air ; la seconde permettra à la fumée de la cigarette de pénétrer dans le tube de verre, mais elle l'empêchera de sortir par le même trou.

## Verre qui fume

Plongeons le tube dans l'eau jusqu'au bouchon ; plaçons la cigarette dans son trou, allumons-la, et le verre de lampe va se charger de la fumer pour nous ! Pour qu'il aspire la fumée, il nous suffira de le soulever. Le vide produit entre le dessous du bouchon et le niveau de l'eau fera pénétrer la fumée en faisant à travers la cigarette un appel d'air qui en activera la combustion ; cette fumée ne sera pas arrêtée par la soupape du tuyau vertical, qui est ouverte tandis que celle du tuyau oblique est fermée par son propre poids.

Si nous abaissons maintenant le verre, l'air que nous comprimons sous le bouchon fera fermer la soupape centrale et ouvrir celle du tuyau oblique, par lequel vous verrez sortir, pour se dérouler en spirales jusqu'au plafond, un blanc panache de fumée.

# FORCE CENTRIFUGE

# LE VERRE D'EAU À L'ENVERS PAR LA FORCE CENTRIFUGE

Vous avez tous vu, dans les cirques, un acrobate poser un verre d'eau sur un cerceau et faire exécuter à celui-ci des mouvements de rotation vertigineux, sans qu'aucune goutte d'eau ne s'échappe du verre ; tout le monde sait que ce phénomène est dû à l'action de la force centrifuge.

Voici un moyen de faire une expérience tout aussi émouvante avec le verre d'eau seul, et sans aucun appareil. Le verre étant posé devant vous sur la table, il s'agit de le prendre avec la main, de lui faire décrire un cercle complet dans l'air avec votre bras étendu et de le reposer sur la table sans qu'il ait perdu une seule goutte de liquide.

Tout consiste dans la manière de tenir le verre : au lieu de le prendre comme si vous vouliez boire, saisissez-le avec la main renversée, la paume de la main tournée en dehors, comme l'indique la figure à droite du dessin ; lancez hardiment le bras en l'air et tournez sans exagérer la vitesse, mais sans secousse, dans le sens des flèches de notre dessin ; le verre arrive, après sa révolution, à être tenu par la main dans la position représentée à gauche ; c'est dans cette position qu'on le replace sur la table. Après un peu d'exercice, vous arriverez à exécuter l'expérience avec un verre de vin ; mais, pour plus de sécurité, exercez-vous d'abord avec de l'eau pure : la nappe… ou vos voisines de table ne pourront qu'y gagner.

# L'ŒUF VALSEUR

Posez l'œuf (prenez-le dur et non pas cru) sur le dos d'un plateau bien poli, et donnez à ce plateau un mouvement circulaire horizontal de plus en plus rapide. L'œuf, couché au milieu du plateau, est entraîné par ce mouvement et se met à pivoter sur lui-même, de plus en plus vite, jusqu'à ce qu'on le voie se dresser sur sa pointe, et tourner absolument comme le ferait une toupie.

Pour toutes les expériences d'équilibre faites avec des œufs, vous assurerez le succès en maintenant l'œuf debout dans la casserole pendant la cuisson. La chambre à air sera rendue ainsi symétrique par rapport au grand axe, et l'équilibre sera dès lors plus facile à obtenir.

## Dressé sur sa pointe

La méthode indiquée plus haut demande un certain temps d'apprentissage, de la vigueur et de l'adresse. À ceux qui veulent réussir du premier coup, j'indiquerai un procédé plus simple.

Posez le plateau sur la table, de façon qu'il déborde assez pour pouvoir être rapidement pris dans la main. Placez l'œuf au milieu, et, à l'aide du pouce de la main gauche et de l'index de la main droite placés respectivement aux deux bouts, imprimez à cet œuf un vigoureux mouvement de rotation. Il se dressera aussitôt sur sa pointe en tournant ; saisissez vivement le plateau, et vous n'aurez plus qu'à entretenir le mouvement de rotation de l'œuf, ce qui est d'ailleurs très facile.

# OPTIQUE

# LE PANTIN DANS LA GLACE

VOICI UN JEU QUI NE DEMANDE PAS DE PRÉPARATIFS ET EST À LA PORTÉE DE TOUT LE MONDE. PLACEZ-VOUS SUR LE CÔTÉ D'UNE ARMOIRE À GLACE, COMME L'INDIQUE LE DESSIN, ET DE TELLE sorte que la moitié de votre corps soit cachée, l'autre moitié faisant saillie sur le devant de l'armoire.

Pour la personne placée en face de vous, à une certaine distance, il semblera qu'elle vous voit tout entier, puisque la moitié visible de votre corps se réfléchit dans la glace, donnant ainsi l'illusion du corps au complet. Si vous levez alors le bras qui est visible, le spectateur verra un second bras, symétrique de celui-ci, se lever dans la glace, en sorte que vous aurez l'air de lever les deux bras en l'air. Jusqu'ici, rien d'extraordinaire, puisqu'il n'est pas difficile de lever les deux bras à la fois. Mais il n'en sera plus de même si vous venez à lever la jambe située en avant de la glace. En effet, la glace nous donnera l'image d'une seconde jambe qui se lève en même temps, de sorte que, votre corps ayant l'air d'avoir quitté son point d'appui sur le sol, vous offrirez l'image d'une personne qui lève les deux jambes à la fois, comme un pantin dont on viendrait de tirer la ficelle.

# L'ŒIL DANS LE DOS

*Tenez, « Messieurs, je ne veux pas abuser plus longtemps de votre attention ; l'appareil que je vais soumettre à vos suffrages est la dernière merveille de l'art de l'optique ; c'est le postoscope, appareil permettant de* voir derrière soi : *de là le nom de* « l'œil dans le dos » *que certaines personnes préfèrent lui donner. Je ne m'attarderai pas à vous décrire le mécanisme et la construction de mon appareil ; je vais seulement exécuter devant vous quelques expériences destinées à vous convaincre de l'excellence de son fonctionnement. Je vais vous dire, sans me retourner ce qui se passe derrière moi. Je commence : voilà un monsieur qui passe sur le trottoir avec un parapluie ; voilà deux agents qui passent derrière le fiacre ; voici une grosse mère qui arrive avec un sac noir à la main…»*

## Bonimenteur

*« N'est-il pas merveilleux, Messieurs, alors que nos yeux sont de si précieux organes, de penser qu'à l'aide de deux sous vous pouvez leur adjoindre un œil supplémentaire, vous permettant de regarder derrière vous sans qu'on s'en doute ? S'il y a des amateurs, le prix, je viens de le dire, c'est dix centimes, c'est deux sous ! »*

Tenté par le boniment, vous vous approchez de l'industriel à la voix éraillée, au linge douteux, qui vous remet, en échange de votre décime, le précieux appareil, et vous vous apercevez que vous n'avez entre les mains qu'une petite boîte en carton entrouverte à l'un de ses bouts et sur un côté, et dans laquelle est fixé un morceau de miroir vertical incliné suivant la diagonale de la boîte. Le tout n'a pas même la valeur d'un centime ; mais il faut bien que tout le monde vive !

## Pour avoir l'instrument

Après tout, l'idée du miroir à 45° permettant de voir derrière soi n'en est pas moins originale, et ceux d'entre nos lecteurs qui, peu soucieux de voir opérer le camelot sur le trottoir, désireraient posséder l'instrument, peuvent le construire eux-mêmes d'après le dessin de notre figure, où il est représenté en grandeur naturelle.

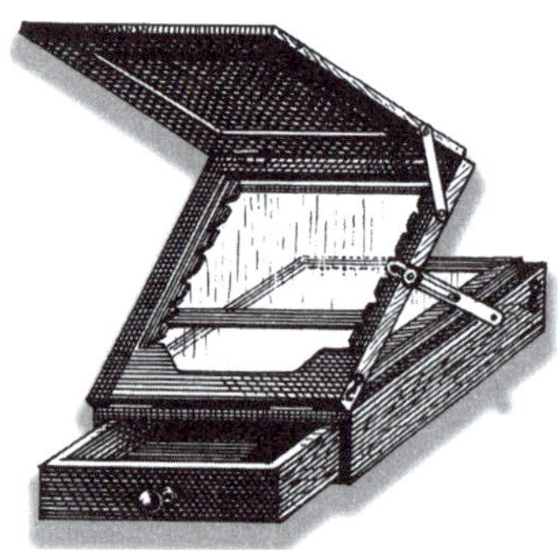

# NOUVELLES OMBRES CHINOISES

VOICI UN MOYEN TRÈS SIMPLE DE PRODUIRE SUR LE MUR DES OMBRES CHINOISES, L'OPÉRATEUR, AINSI QUE LES PERSONNAGES DÉCOUPÉS, RESTANT *DERRIÈRE* LES SPECTATEURS, CE QUI PEUT avoir certains avantages.

Placez sur une table une bougie, et, en face de cette bougie, fixez au mur une feuille de papier blanc qui sera l'écran. Entre la bougie et l'écran, interposez un corps opaque, un calendrier ou un gros livre par exemple. Comment pourrez-vous maintenant projeter les ombres sur l'écran ? Tout simplement au moyen d'un miroir fixé sur le côté de la table.

Le reflet du miroir se dessinera sur le mur en un rectangle ou un ovale lumineux, et si vous avez convenablement placé l'écran sur le mur, et que vous fassiez manœuvrer vos poupées en carton entre la bougie et le miroir, vous verrez aussitôt de petites ombres à l'aspect fantastique évoluer sur l'écran, sans que le spectateur non prévenu puisse soupçonner le moyen employé.

# LE THÉÂTRE DANS UNE GLACE

DEVANT UNE GLACE PLACÉE CONTRE UN MUR SUIVANT UN ANGLE QUELCONQUE, ON MET UNE TABLE COUVERTE D'UN TAPIS SOUS LAQUELLE SE CACHE LA PERSONNE QUI DOIT MANŒUVRER LES acteurs. Ceux-ci doivent être fixés au bout d'une mince baguette de bois assez longue. On les passe au travers de la planche formant le fond du théâtre, par l'ouverture en forme d'H découpée dans cette planche même, comme on le voit sur le dessin.

Cette ouverture est en partie dissimulée par le théâtre lui-même, que l'on fait tenir sur le fond au moyen de bouchons collés ou cloués, ou de morceaux de bois, afin d'avoir un intervalle entre le devant et le fond du théâtre. Ce devant, fait en carton, est replié en bas, de façon à figurer un plancher.

## Éclairage puissant

Les pantins devront avoir, pour paraître droits dans la glace, la même inclinaison que la planche de fond. De cette façon, le spectateur verra dans la glace la scène que l'on voudra représenter, comme si les pantins s'y trouvaient réellement. Il faut éclairer fortement les personnages.

# L'OMBRE VIVANTE

BIEN QU'ELLE NE SOIT PAS TRÈS COMPLIQUÉE, CETTE EXPÉRIENCE SERA PLUS FACILE À COMPRENDRE SI MES LECTEURS VEULENT BIEN L'EXÉCUTER EUX-MÊMES AU LIEU DE SE CONTENTER DE LA lire. Je ne vous apprendrai rien en vous disant que si vous vous placez entre le mur et une lumière votre corps produira une ombre sur ce mur ; mais cette ombre ne donne que votre silhouette, et l'on ne saurait espérer voir figurer, dans les contours de cette silhouette, des yeux, un nez et une bouche.

Eh bien ! Je viens vous proposer aujourd'hui un moyen bien simple, non seulement de faire apparaître dans l'ombre de votre tête deux yeux, un nez et une bouche, mais encore de représenter ces yeux roulant dans leurs orbites, et la bouche, munie de dents énormes, s'ouvrant et se refermant comme si elle voulait dévorer quelqu'un de l'assistance.

## Fantastique

Pour cela, il vous suffira de vous placer à l'angle de la chambre et près d'un mur portant une glace ou un miroir. La personne qui tiendra la lumière derrière vous s'assurera, en faisant varier sa distance et sa hauteur, que le reflet de cette lumière dans la glace vient exactement sur le mur servant d'écran à la même place que l'ombre de votre tête ; ce reflet dessinera, dans le contour de cette ombre, un rectangle ou un ovale lumineux, selon la forme du miroir.

Mais si vous recouvrez le miroir d'un papier épais dans lequel vous aurez découpé, comme l'indique notre dessin, deux yeux, un nez et une bouche plus ou moins fantastiques, les rayons lumineux traversant ces découpures seront seuls reflétés, et viendront se dessiner au milieu de l'ombre de votre tête, ce qui produira l'effet que représente le dessin.

## Une bouche effrayante

Pour corser l'expérience, superposez sur la glace deux papiers semblablement découpés, dont l'un soit fixe et l'autre mobile, que vous ferez mouvoir avec votre main devant le premier, et les spectateurs verront les yeux et la bouche se remuer d'une façon effrayante, comme je l'ai annoncé plus haut.

# LA GLACE BRISÉE

Les peintres viennent de donner le dernier coup de pinceau à l'appartement qu'ils restaurent, mais ne veulent pas s'en aller sans avoir fait à la femme de chambre, envoyée pour voir si tout est prêt, la plaisanterie traditionnelle de la « glace brisée ». Vous jugez de l'effroi de la pauvre fille lorsqu'elle aperçoit une ou plusieurs fêlures au coin de la grande glace du salon ! Que va dire Madame ?

## Félures disparues

Et ces sans-cœur de peintres, qui rient à se tenir les côtes ! ! ! Après avoir bien joui de l'effet produit par leur farce, les voilà maintenant qui proposent de réparer le malheur, et, pour ne pas prolonger l'ahurissement de leur victime, l'un d'eux passe un linge humide sur l'endroit brisé de la glace. Ô miracle ! Les fêlures ont disparu, grâce au torchon mouillé, et Mlle Hortense ne peut en croire ses yeux. Pour sûr, elle a affaire à des sorciers !

Il n'y a là, chers lecteurs, aucune sorcellerie, et si vous voulez mystifier à votre tour quelqu'un de votre famille, vous n'avez qu'à tracer, à l'aide d'un morceau de savon un peu mince (du savon noir de préférence), sur le miroir qui doit paraître brisé, de fines lignes destinées à représenter les fêlures ; leur réflexion dans la glace leur donnera, en les élargissant dans le sens de l'épaisseur du verre, l'aspect de véritables fentes, et un simple lavage à l'eau suffira pour tout remettre dans l'ordre.

# LA CUILLER-RÉFLECTEUR

VOULEZ-VOUS, EN CAS DE MAL DE GORGE, ÉCLAIRER VIVEMENT LA BOUCHE DE VOTRE ENFANT ? VOICI UN MOYEN RAPIDE D'AVOIR SOUS LA MAIN UNE SOURCE DE LUMIÈRE TRÈS INTENSE. TENEZ une cuiller contre une bougie, la partie creuse tournée vers la flamme, et vous aurez ainsi un excellent *réflecteur*, vous permettant de concentrer les rayons lumineux et de produire, au fond de la gorge que vous voulez examiner, un éclairage suffisant.

Une cuiller d'argent vous permettra aussi d'étudier les curieuses propriétés des miroirs courbcs. Présentez la partie creuse devant votre figure, vous vous verrez la tête en bas dans ce *miroir concave* ; tournez la cuiller, et la partie bombée, constituant un *miroir convexe*, vous montrera une figure très allongée, droite cette fois, mais tournant à la caricature ; en approchant progressivement votre figure de la cuiller, vous verrez votre nez atteindre les proportions les plus réjouissantes.

# LA PIÈCE POMPÉE

Lorsque nous regardons un objet plongé dans l'eau, nous savons que, par suite du phénomène de la réfraction, il apparaît au-dessus de la position qu'il occupe réellement. C'est pour cela qu'un bâton à moitié plongé dans l'eau semble brisé.

Voici une expérience qui repose sur ce principe : mettez au fond d'un vase plein d'eau une pièce de monnaie et priez une personne de se baisser jusqu'à ce que son œil, le bord du vase et le point du contour de la pièce qui est situé de son côté se trouvent sur la même ligne. À ce moment, ce n'est pas la pièce elle-même qu'elle aperçoit, mais son image créée par la réfraction.

La personne ne bougeant pas de sa position, annoncez-lui que vous allez faire disparaître la pièce *en la pompant*. Pour cela, il vous suffit d'extraire le liquide du vase, soit en l'aspirant à l'aide d'un tube, soit en le pompant à l'aide d'une petite seringue. Le liquide une fois enlevé, la personne ne verra plus la pièce, qui lui est cachée par la paroi du vase. Remettez le liquide, et la pièce réapparaîtra aussitôt.

# LES COULEURS COMPLÉMENTAIRES

## Le diable vert

PLACEZ UN ÉCRAN VERTICAL EN FACE DE DEUX BOUGIES ALLUMÉES, ET INTERPOSEZ ENTRE L'ÉCRAN ET LES BOUGIES UN OBJET OPAQUE, PAR EXEMPLE UN PETIT DIABLE DÉCOUPÉ DANS DU carton, qui produira sur l'écran deux ombres noires correspondant aux deux bougies.

Si vous interposez maintenant devant la bougie de droite et du côté de l'écran un morceau de verre de couleur rouge, ou, plus simplement, un verre à boire rempli d'eau rougie, vous verrez l'ombre de droite colorée en rouge ; celle de gauche aura disparu, mais en regardant bien attentivement vous remarquerez qu'elle est remplacée par l'image d'un diable vert pâle, complémentaire de la lumière rouge qui éclaire l'écran.

Mettez de la bière dans votre verre, à la place d'eau rougie, et ce diable vous paraîtra violet, couleur complémentaire du jaune de la bière ; enfin, remplissez le verre avec de l'eau colorée faiblement avec du bleu de blanchisseuse, et le diable de gauche paraîtra orangé. Les ombres de droite seront toujours de la même couleur que le liquide contenu dans le verre.

Renversons l'expérience, et mettons dans le verre de l'absinthe, de l'eau mélangée d'encre violette et enfin du curaçao* ; la couleur du diable de l'écran sera successivement rouge, jaune et bleue.

## L'étoile tricolore

Prenez une feuille de carton, un calendrier par exemple, et pliez-la légèrement suivant sa ligne médiane. Dans l'un des volets ainsi obtenus, découpez une étoile à quatre branches dont l'une des diagonales soit ver-

* Il faut prendre un curaçao de couleur orange, et non pas le célèbre curaçao bleu *(note de la nouvelle édition)*.

ticale et l'autre, par conséquent, horizontale. Rabattez sur l'autre volet celui qui porte cette ouverture de manière à pouvoir y tracer le contour de l'étoile à l'aide d'un crayon ; trouvez le centre du dessin par l'intersection des diagonales : ce centre sera celui d'une nouvelle étoile à quatre branches, mais dont les diagonales feront un angle de 45° avec celles de l'étoile précédente. Après avoir tracé cette nouvelle étoile, vous la découperez avec soin et vous poserez le carton ajouré comme l'indique le dessin, sur une table portant deux bougies allumées de même hauteur, et en face d'une feuille de papier blanc formant écran et fixée au mur.

Vous réglerez l'angle formé par les deux morceaux du carton de façon que, au milieu de l'ombre qu'il projette, les projections lumineuses des étoiles se superposent, ce qui donnera sur l'écran une étoile lumineuse à huit branches. Si maintenant vous couvrez l'une des deux ouvertures à l'aide d'un verre coloré, vert par exemple, vous obtiendrez une étoile tricolore : les pointes du dehors seront alternativement rouges et vertes, et une étoile octogonale blanche apparaîtra au centre de l'image.

Le verre de couleur peut être remplacé, comme on le voit sur le dessin, par un verre à boire contenant des liquides diversement colorés, et les branches de l'étoile présenteront alternativement la coloration même du liquide, ou la couleur complémentaire.

# L'ÉPINGLE TOURNANTE

Prenez un élastique de bottine et traversez-le par une épingle recourbée, comme l'indique notre figure. En faisant tourner les deux extrémités du caoutchouc, tenu verticalement entre le pouce et l'index de chaque main, et en écartant ensuite les mains de façon à tendre l'élastique, on donne à celui-ci un mouvement assez rapide pour produire l'image d'un objet en verre.

Cette illusion est d'autant plus complète que l'épingle est plus vivement éclairée et se détache sur un fond sombre. Dans notre dessin, on a supposé l'opérateur placé dans une chambre obscure dans laquelle un rayon de soleil vient frapper sur l'épingle, en pénétrant à travers un petit trou du volet.

Avec un peu d'habileté, on peut reproduire avec des épingles les objets les plus divers : cloche à fromage, aquarium, porte-bouquet, verre à champagne, etc. Dans le cas où la forme de l'épingle tendrait à lui donner la position horizontale par suite de la force centrifuge, on doit relier son extrémité à l'élastique par un petit fil blanc qui ne nuit nullement à l'aspect général dans le mouvement de rotation.

# LA LOTERIE DE FAMILLE

VOICI LE JEU DES PETITS CHEVAUX MIS À LA PORTÉE DE TOUT LE MONDE SOUS FORME D'UN APPAREIL BIEN SIMPLE. COLLEZ TOUT AUTOUR D'UN PLAT ROND EN PORCELAINE, ET DE LA FORME employée pour cuire les œufs sur le plat, une série de petites figures, bonshommes ou animaux, en carton découpé, ou contentez-vous d'y tracer à l'encre des dessins ou des numéros également distants les uns des autres.

Placez ce plat, ainsi préparé, dans un plat ordinaire un peu plus grand et légèrement bombé, comme ils le sont d'habitude ; il vous suffira de donner une légère impulsion avec votre main au petit plat, pour qu'il se mette à tourner sur lui-même.

Si le grand plat n'est pas bombé, mettez-y de l'eau de manière que le plat figurant la roue de la loterie puisse y flotter, et dès lors il tournera facilement, le frottement étant supprimé.

## Différentes silhouettes

Ainsi établi, votre jeu pourra servir d'amusant passe-temps après un repas de famille, chacun pariant pour un des personnages ou des numéros, et le gagnant étant celui dont le personnage ou le numéro arrivera le plus près du but, sans toutefois le dépasser ; mais voici comment vous pouvez en faire un jouet vraiment scientifique et instructif : représentez vos divers personnages en donnant aux bras de chacun, par exemple, une position différente, de façon que, l'assiette tournant, vous voyiez défiler devant vos yeux les positions successives d'un homme baissant et levant les bras ; ainsi, par exemple, si l'un des personnages a les bras pendants, celui qui vient après les aura un peu écartés du corps ; le suivant les aura étendus horizontalement ; celui d'après les aura encore plus relevés ; le dernier, enfin, aura les bras levés verticalement au-dessus de sa tête.

## Praxinoscope

Regardez maintenant d'un seul œil à travers un petit trou que vous aurez fait avec une épingle dans une carte de visite, et visez un même point fixe sur le cercle décrit par les personnages lorsque le plat tourne : il vous semblera n'en apercevoir qu'un seul, et cette unique figure paraîtra animée de mouvements comme une personne vivante ; ses bras sembleront prendre successivement toutes les positions dont chacune est, en réalité, affectée à un personnage spécial.

Vous pourrez vous amuser à combiner une infinité de figures ayant des positions successives, et reproduire, sans aucun frais, le jeu bien connu du *zootrope* ou *praxinoscope*.

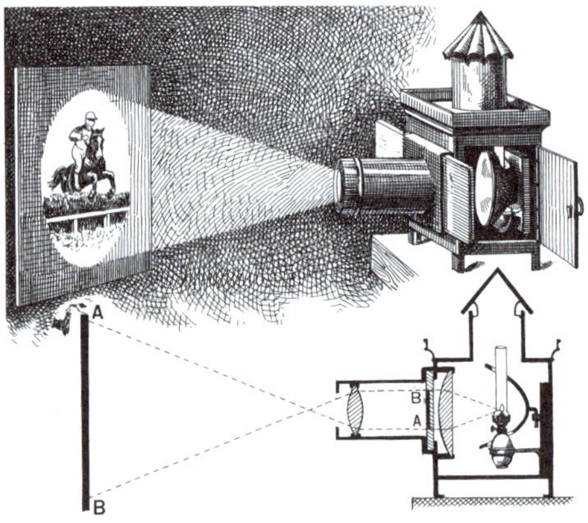

# ILLUSIONS D'OPTIQUE : LIGNES VERTICALES ET HORIZONTALES

PRENEZ TROIS BANDES DE PAPIER BLANC D'ÉGALE LONGUEUR, MAIS DONT L'UNE SOIT MOITIÉ MOINS LARGE QUE LES DEUX AUTRES. CROISEZ EN FORME DE X LES DEUX BANDES DE MÊME LARGEUR, et à leur intersection placez verticalement la plus mince : elle paraîtra *plus longue*, et il vous faudra démontrer à l'aide du compas que les longueurs des trois bandes sont rigoureusement égales, pour que les spectateurs se rendent à l'évidence. Cette illusion, très sensible pour celui qui regardera notre dessin, le sera encore davantage avec des morceaux de papier blanc posés sur un fond de papier ou de drap noir.

Si vous faites maintenant, avec vos trois bandes, une figure ayant la forme de la lettre H, la bande étroite formant la barre horizontale, et que vous fassiez pivoter cette bande de manière à la mettre de travers, elle vous paraîtra *moins longue* que les deux bandes verticales, bien qu'elle soit exactement de même longueur.

Ainsi donc, une bande de papier qui est exactement de la longueur de deux autres vous paraîtra soit plus grande, soit plus petite, selon la position que vous lui aurez donnée par rapport à ces deux autres, et cela par suite de la curieuse illusion d'optique dont chacun pourra aisément être le jouet.

# ILLUSION D'OPTIQUE : PARALLÈLES COUPÉES PAR UNE TRANSVERSALE

TRANSFORMEZ UNE CARTE DE VISITE EN UNE SORTE DE GRILLE À BARREAUX PARALLÈLES, COMME L'INDIQUE LA FIGURE, ET FAITES TOURNER DERRIÈRE CETTE GRILLE UNE MINCE BANDE DE PAPIER ou de carton, dont les bords sont parfaitement rectilignes, autour d'une épingle comme axe, cette épingle étant piquée dans un coin de la carte de visite.

Lorsque la bande mobile sera presque perpendiculaire aux barreaux de la grille, elle semblera bien limitée par deux lignes droites ; mais plus vous l'obliquerez par rapport aux barreaux, plus cette bande semblera se composer de petites lignes qui ne sont pas sur le prolongement les unes des autres.

Cela est surtout frappant pour la position de gauche de notre dessin, et ce n'est qu'en appliquant une règle sur les deux lignes qui la bordent que vous pourrez rectifier l'illusion d'optique que nous venons de vous signaler, et vous convaincre que ces deux lignes sont parfaitement droites.

# ÉLECTRICITÉ

## L'aimant



## Électrisation par le frottement



## Électro-magnétisme

# THÉÂTRE D'ÉQUILIBRISTES

NOUS SAVONS QUE, SI NOUS TENONS UNE AIGUILLE DEBOUT SUR UNE ASSIETTE, ET QUE NOUS PRÉSENTIONS UN AIMANT À UNE CERTAINE DISTANCE DE SA TÊTE, DISTANCE VARIABLE SUIVANT LA force de l'aimant, nous pourrons lâcher l'aiguille, qui restera debout par suite de l'influence magnétique qui s'exerce à distance. Elle sera, de plus, animée d'un petit tremblement, que nous allons utiliser dans un joujou facile à construire.

## Une danseuse en équilibre

Découpons dans un vieux calendrier la façade d'un petit théâtre, dans laquelle nous enlèverons une ouverture rectangulaire ; le fond du théâtre sera emprunté à un autre calendrier de même grandeur, et les deux seront reliés par des bouchons fixés au moyen d'épingles. Au dos de la façade, et à sa partie supérieure, fixons un aimant qui doit être invisible pour les spectateurs. Au-dessous de cet aimant, tendez un fil de fer sur lequel vous placerez la pointe d'une aiguille à coudre ordinaire.

La hauteur du fil de fer doit être réglée par tâtonnements de telle sorte que l'aiguille ne soit pas attirée par l'aimant, mais que, sous l'influence de celui-ci, elle soit forcée de se tenir debout sur le fil de fer. Une fois la hauteur du fil de fer déterminée, découpez un petit personnage en papier fort, représentant, par exemple, une danseuse de corde debout sur un seul pied ; donnez-lui la hauteur exacte de l'aiguille, et collez, à l'aide de deux gouttes de cire à cacheter, votre aiguille derrière le petit personnage, la pointe de l'aiguille correspondant exactement à l'extrémité du pied de la danseuse.

Placez-la alors sur le fil de fer, au-dessous d'une des branches de l'aimant, et vous la verrez se tenir en équilibre, non sans être animée de petits tremblements très amusants, rappelant assez les mouvements des équilibristes dans leurs exercices. Votre aimant ayant deux branches, rien ne vous empêchera de mettre sur le fil de fer deux personnages au lieu d'un.

## Trapèze

Une allumette et deux brins de fil vous donneront un petit trapèze par lequel le fil de fer tendu pourra être remplacé, et, après avoir posé vos personnages debout sur ce trapèze, vous pourrez les balancer sans qu'ils tombent, car la tête de l'aiguille restera toujours sensiblement à la même distance de l'aimant.

**Note**

On peut trouver dans le commerce des petits aimants en fer à cheval d'une force magnétique assez grande pour soulever leur propre poids. Pour leur conserver cette intensité, on doit leur suspendre une pièce de fer (gros clou ou autre) ; sans cela, la force magnétique irait en diminuant progressivement.

# LE PAPIER ÉLECTRISÉ

PAR UN TEMPS SEC, FROTTEZ AVEC UNE BROSSE OU AVEC LA MAIN UN MORCEAU DE PAPIER LÉGER : IL SE TROUVERA ÉLECTRISÉ AU BOUT DE PEU DE TEMPS, ET RESTERA COLLÉ À VOTRE MAIN, À votre figure, à votre habit, sans que vous puissiez vous en débarrasser, tout comme si vous l'aviez enduit de colle.

Électrisez de même un papier épais, une carte postale, par exemple, et vous verrez que, ainsi que cela a lieu pour la cire, le verre, le soufre ou la résine, cette carte peut attirer les corps légers (débris de bouchons, moelle de sureau, etc.). Placez une canne en équilibre sur le dossier d'une chaise, et pariez que vous allez la faire tomber sans y toucher, sans souffler dessus, et sans toucher à la chaise.

Il vous suffira de faire bien sécher la carte devant le feu, de la frotter vigoureusement sur votre manche, et de la présenter à l'une des extrémités de la canne, qui la suivra comme le fer suit l'aimant, jusqu'au moment où, l'équilibre étant détruit, la canne tombera par terre.

Au lieu de canne, vous pourrez mettre en équilibre sur le dossier de la chaise une ligne à pêcher ou bien une de ces longues perches servant de manche aux balais dits *têtes de loup* ; la tête de loup suivra de même la carte électrisée, et sa longueur rendra l'expérience facilement visible pour tout le monde.

# TRANSFORMER UN VERRE DE LAMPE EN MACHINE ÉLECTRIQUE

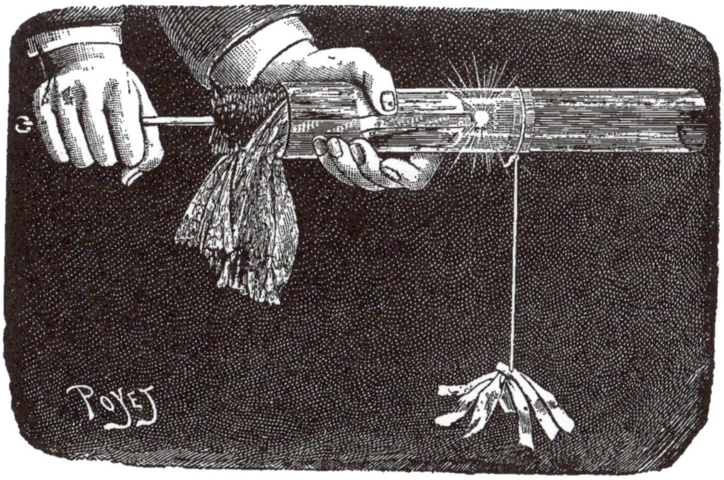


PRENEZ UN VERRE DE LAMPE ET ENTOUREZ-LE EN SON MILIEU D'UN ANNEAU DE PAPIER MÉTALLIQUE, BIEN CONNU DES ENFANTS SOUS LE NOM DE PAPIER À CHOCOLAT, ET QUE VOUS COLLEREZ avec un peu de gomme. Collez une bande étroite de ce même papier d'étain depuis l'une des extrémités du verre jusqu'à environ 1 centimètre de l'anneau.

Cela fait, entourez d'un foulard de soie une de ces brosses ou écouvillons qui servent à nettoyer les verres de lampe, et frottez-en vivement l'intérieur du tube, en évitant que vos doigts ne touchent le papier métallique. Si vous opérez dans l'obscurité, chaque fois que vous retirerez la brosse du cylindre de verre vous verrez, à votre grande surprise, une magnifique étincelle jaillir entre les deux bandes d'étain, démontrant ainsi l'électrisation du verre par le frottement.

## Pas d'humidité

Vous pourrez, à l'aide de cette machine électrique bien simple, répéter en petit la plupart des expériences sur l'électricité que l'on exécute dans les cabinets de physique, entre autres la suivante : par-dessus l'anneau de papier d'étain, attachez au verre un fil de coton, ou mieux, un fil de fer ou de laiton, à l'extrémité duquel vous aurez suspendu de petites bandes de papier mince, obtenues en coupant en trois des feuilles de papier à cigarettes dans le sens de la longueur. Frottez l'intérieur du verre en introduisant la brosse revêtue du foulard par l'extrémité opposée à celle de tout à l'heure : l'anneau métallique se charge d'électricité, qui se transmet, au moyen du fil, aux petites bandes de papier, et vous verrez celles-ci s'écarter les unes des autres. Vous aurez ainsi démontré :

1° Que les corps mauvais conducteurs, tels que le verre, s'électrisent par le frottement ;

2° Que les corps bons conducteurs (papier et fil métalliques) transmettent l'électricité d'un corps électrisé (le verre) à un corps qui ne l'était pas (le papier) ;

3° Enfin, que les corps chargés d'une même électricité se repoussent.

Rappelez-vous bien que l'humidité empêche la réussite des expériences électriques ; choisissez donc pour opérer un temps bien sec, et si vous avez bien séché devant le feu la brosse, le foulard et le verre de lampe, je vous garantis le succès.

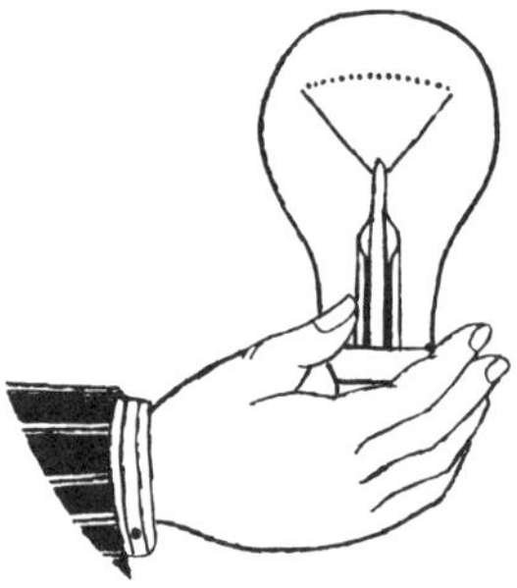

# EXPÉRIENCE D'ŒRSTED

Dans tous les cabinets de physique, on répète avec trois appareils assez coûteux, la *boussole*, le *galvanoscope* et la *pile électrique*, la célèbre expérience du physicien danois Œrsted ; elle consiste à démontrer qu'un fil conducteur traversé par un courant électrique et approché d'une aiguille aimantée fait dévier cette aiguille de sa position d'équilibre.

L'importance de cette expérience est très considérable, puisqu'elle a servi de point de départ à la découverte de la télégraphie électrique. Aujourd'hui, je vous proposerai de la répéter en construisant vous-même, sans aucun frais et rapidement, les appareils nécessaires.

## Boussole et galvanoscope

Les ustensiles qu'il faut vous procurer sont les suivants : un grand verre plein d'eau, une coupe à champagne (ou un bol) à moitié pleine d'eau (salée avec une forte poignée de sel de cuisine), une cuiller à café, une fourchette, du coke cassé en morceaux gros comme des noyaux de cerises, une aiguille à coudre, un petit aimant, enfin une lame de zinc de 20 centimètres environ de longueur sur 2 centimètres de large.

Commençons par la *boussole*. Pour cela, frottons l'aiguille contre l'aimant, toujours dans le même sens, et faisons-la flotter sur l'eau du grand verre, soit en l'enduisant de graisse, soit en la piquant dans un morceau de papier qui aura été découpé en forme d'animal ou de petite figure. Nous savons que l'une des pointes de l'aiguille, par exemple celle qui correspond aux pieds du personnage, se dirigera aussitôt vers le nord.

Passons maintenant au *galvanoscope* ; c'est l'appareil qui nous indiquera la présence d'un courant en faisant dévier la boussole. Il nous suffit, pour l'obtenir, de coucher sur le verre la cuiller à café, par-dessus l'aiguille aimantée et dans sa direction. Vous voyez que jusqu'ici tout est fort simple.

## La pile

Reste à construire la *pile*. Pour cela, mettons nos morceaux de coke dans un chiffon, et ficelons le tout en forme de saucisson, au milieu duquel nous aurons placé la queue de la fourchette. Plongé dans le verre d'eau salé, ce coke sera le pôle positif de la pile. Faisons reposer maintenant les dents de la fourchette sur l'un des bouts de la cuiller, mettons sur l'autre l'une des extrémités de la lame de zinc, et faisons plonger dans l'eau salée, sans toucher le saucisson de coke, l'autre extrémité de cette lame, qui sera le pôle négatif de notre pile. Le courant électrique se produit aussitôt, et vous verrez l'aiguille s'écarter de sa position d'équilibre, pour y revenir dès que vous aurez enlevé de l'eau salée la lame de zinc.

# PROBLÈMES

# LE PROBLÈME DES TROIS ALLUMETTES

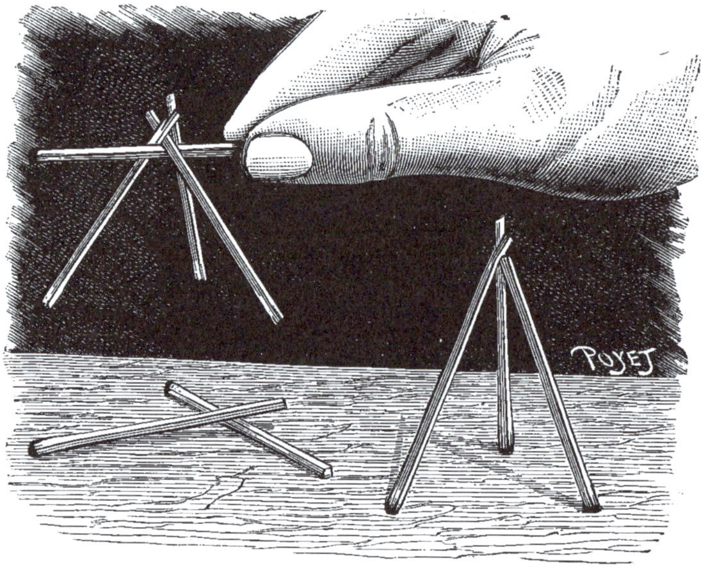


LORSQUE, APRÈS UN DÎNER AVEC DES AMIS, ON APPORTERA LES ALLUMETTES ET LES CIGARES, LE MOMENT SERA FAVORABLE POUR POSER À VOS CONVIVES LE PROBLÈME DES TROIS ALLUMETTES.

Fendez légèrement l'extrémité d'une allumette, et taillez en biseau le bout d'une deuxième, que vous introduirez dans la fente de la première, de façon qu'elles forment entre elle un angle aigu. Posez-les alors sur la table, le sommet de l'angle en haut, en l'appuyant contre une troisième allumette, ainsi que l'indique la figure.

C'est tout pour les préparatifs. Remettez alors une quatrième allumette à quelqu'un de l'assistance, en le priant *d'enlever en l'air,* à l'aide de celle-ci, l'ensemble des trois premières. Tel est le problème à résoudre.

La figure de droite vous en indique la solution. Il suffit d'appuyer légèrement la quatrième allumette contre les deux premières, pour permettre à la troisième de tomber sur celle que vous tenez ; de baisser la main pour que cette troisième puisse pénétrer dans l'intérieur de l'angle formé par les deux premières ; puis d'enlever en l'air l'allumette que vous tenez à la main, et sur laquelle se tiendront à cheval les allumettes 1 et 2 d'un côté, et l'allumette 3 de l'autre.

Comme tous les petits jeux de combinaisons, celui-ci est fort simple… pour ceux qui le connaissent, et je l'ai vu lasser la patience de plus d'un éminent architecte et de plus d'un savant constructeur.

# LES BRINS DE PAILLE

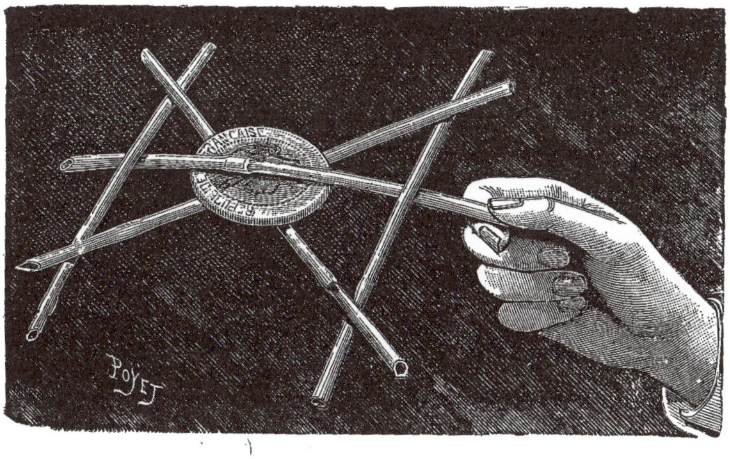

On vous donne cinq brins de paille de même longueur (environ 10 centimètres), et l'on vous prie de les soulever en l'air tous les cinq, en tenant à la main l'extrémité d'un seul d'entre eux. Comment faire ?

Le dessin vous répond pour moi : il suffit d'y jeter les yeux pour comprendre l'agencement des cinq petites pailles et de la pièce de monnaie, qui est, on le voit, des plus simples… quand on le connaît.

La pièce de monnaie empêche le glissement des pailles lors de la construction du système ; mais sa présence n'est pas indispensable.

Posez le problème à une personne non prévenue, et vous serez surpris du temps qu'elle mettra à en trouver la solution.

Ces petites questions de combinaisons ont quelque chose de scientifique qui satisfait l'intelligence, tout en développant l'adresse des mains.

# LE DESSOUS-DE-PLAT IMPROVISÉ

Il s'agit de créer instantanément un dessous-de-plat pour la bonne, qui se brûle les doigts en tenant la soupière ; il n'y a donc pas de temps à perdre. Prenez votre fourchette et celles de vos voisins de droite et de gauche ; introduisez-les dans votre rouleau de serviette, posez les queues des fourchettes sur la table de façon qu'elles soient sur les trois sommets d'un triangle équilatéral, comme l'indique notre dessin. Mettez sur les pointes une assiette, et la bonne pourra lui confier sans crainte son brûlant fardeau.

Pour avoir été fait instantanément, notre dessous-de-plat n'en sera pas moins élégant, les fourchettes ainsi posées offrant le profil d'une sorte de compotier artistique.

# RÉCRÉATIONS MANUELLES

# LE PONT D'ALLUMETTES

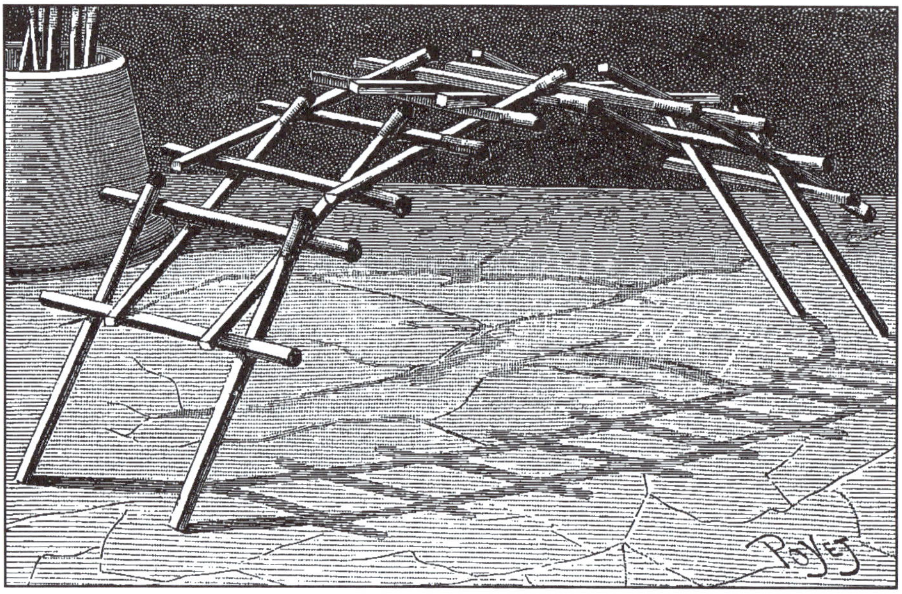

VOICI LA MANIÈRE DE FRANCHIR AVEC DES ALLUMETTES UNE DISTANCE ÉGALE AU MOINS À DEUX FOIS LA LONGUEUR D'UNE ALLUMETTE, EN CONSTRUISANT UN PONT EN CHARPENTE DES plus élégants.

C'est avec de grosses allumettes de cuisine, non arrondies, que vous pouvez réussir cette petite construction fort simple, mais qui doit être faite en suivant exactement la marche indiquée sur la figure géométrique annexée à notre vue d'ensemble.

Posez l'allumette 1 sur la table (voir le dessin de la page suivante), placez sur elle les deux extrémités de 2 et 3, et posez 4 en travers sur ces deux dernières ; soulevez avec le pouce et l'index de la main gauche la n°1, et faites glisser, avec la main droite, les n° 5 et 6 ; par l'effet des leviers, le tout doit former une portion d'arc qui se tiendra sur la table.

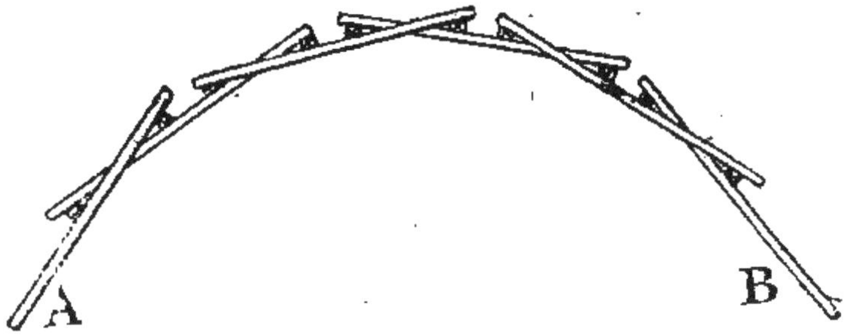


ÉLÉVATION.

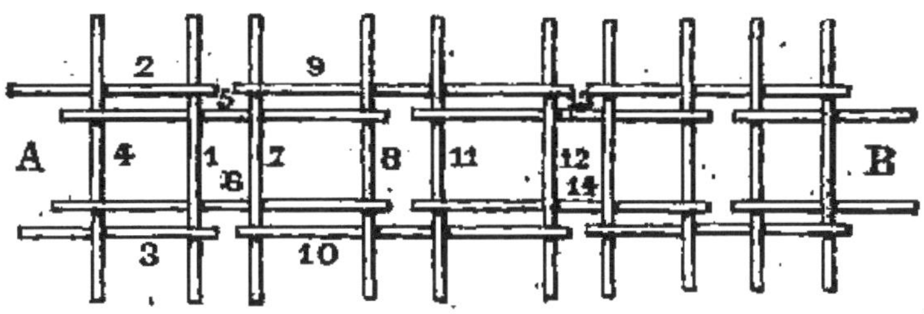


PLAN.

Placez *7* en travers sur 5 et 6, et 8 sous les deux autres bouts de ces mêmes allumettes 5 et 6 ; soulevez 8 délicatement pour poser 9 et 10, dont les extrémités de gauche s'appuieront sur *7*, après avoir passé sous 8, et continuez l'opération jusqu'à ce que l'arc ait atteint la longueur voulue.

# TRANSMISSION DE LA FORCE À DISTANCE

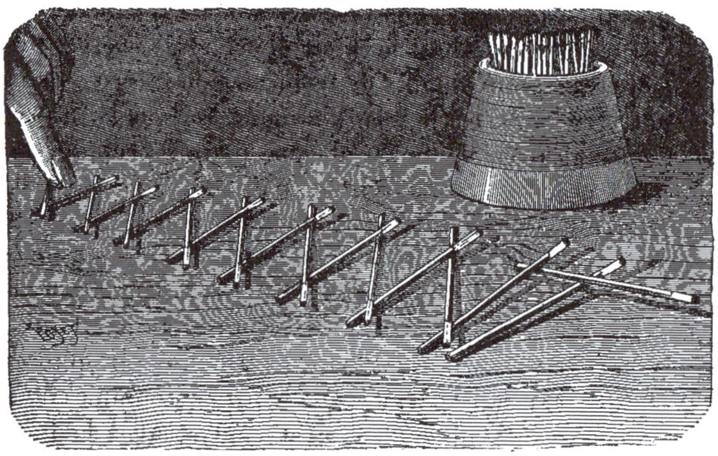

PLACEZ UNE ALLUMETTE A EN TRAVERS D'UNE ALLUMETTE B REPOSANT SUR LA TABLE, LE BOUT PHOSPHORÉ DE A DOIT TOUCHER LA TABLE : IL SUFFIT POUR CELA QUE B SOIT PLACÉ ASSEZ PRÈS de l'autre extrémité, qui restera en l'air. Sur cette extrémité, posez le bout d'une troisième allumette ; elle ne devra pas faire basculer A par son poids, mais si vous appuyez avec le doigt sur cette troisième allumette, le bout phosphoré de A se relèvera aussitôt.

## Faire levier

Le résultat est le même si sur la troisième allumette vous en placez obliquement une quatrième, et si vous continuez ainsi à placer un certain nombre d'allumettes formant levier les unes sur les autres, comme l'indique notre dessin.

En appuyant le doigt sur la dernière allumette du treillis ainsi obtenu, vous verrez instantanément basculer l'allumette A, dont le bout phosphoré se relèvera sans que les mouvements de transmission intermédiaire soient visibles. C'est la position montrée dans la figure.

## Extrémité phosphorée

Ceci établi, voici comment vous pouvez proposer un curieux problème : *« Étant donnés un paquet d'allumettes et un verre posé au bout de la table, renverser ce verre avec le doigt, en se tenant à l'autre bout de la table. »* Pour ceux qui viennent de lire l'explication ci-dessus, vous voyez que rien n'est plus simple. Il suffit de poser le pied du verre sur l'extrémité phosphorée de A, de disposer le système de leviers comme nous venons de le voir plus haut, et d'appuyer avec le doigt sur la dernière allumette du système, pour voir aussitôt basculer le verre à l'autre bout de la table ; il pourra même être renversé, si le système a été bien construit.

# ENLEVER QUINZE ALLUMETTES AVEC UNE SEULE

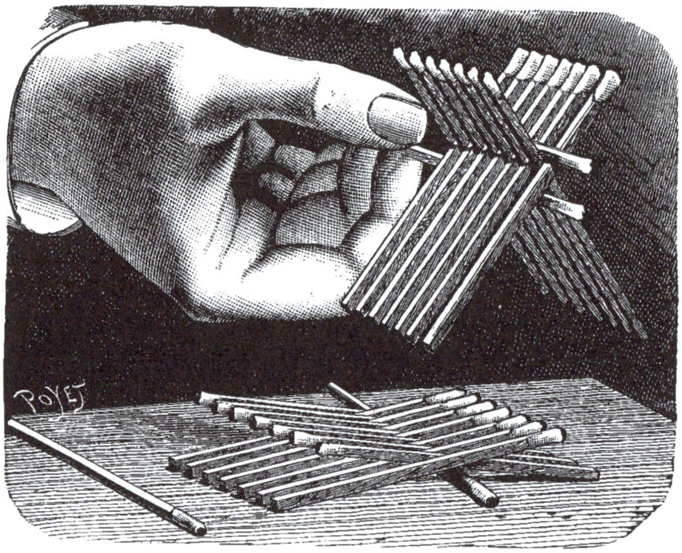


PLAÇONS À CHEVAL SUR UNE ALLUMETTE, QUE J'APPELLERAI A, 14 AUTRES ALLUMETTES B, DONT LES BOUTS PHOSPHORÉS SERONT EN L'AIR, LES AUTRES EXTRÉMITÉS S'APPUYANT SUR LA TABLE, comme on le voit au bas de notre dessin. Ces extrémités devront être alternativement à droite et à gauche de A. Si je vous propose d'enlever A et les allumettes B, en ne tenant que l'extrémité de A, il est clair que ces dernières tomberont par leur propre poids.

Mais voici le moyen qui vous permettra de réussir l'opération : au-dessus des allumettes B, et le long du sillon formé par leur entrecroisement, placez une dernière allumette C. Vous pourrez alors soulever A ; les allumettes B prendront une position oblique, et, serrant entre elles l'allumette C comme entre deux mâchoires, elles se maintiendront en l'air aussi longtemps que vous le désirerez, offrant à l'œil l'aspect des tabourets pliants en forme d'X que l'on voit dans les jardins.

Employez de préférence, pour ce jeu, de grosses allumettes, bien que les suédoises puissent convenir à la rigueur.

# LES DAMES DU TRICTRAC

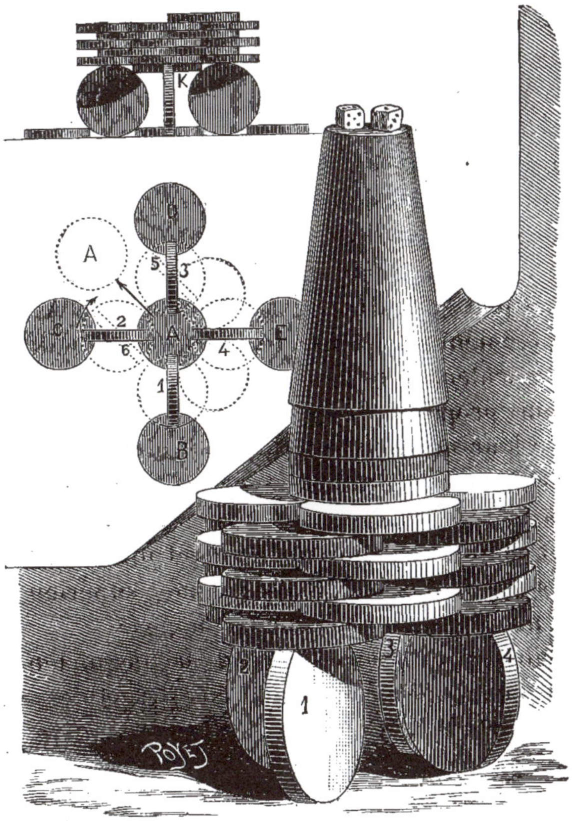


SI VOUS TROUVEZ FASTIDIEUX DE JOUER TOUT SEUL AU TRICTRAC, EN L'ABSENCE D'UN PARTENAIRE QUI SE FAIT ATTENDRE, VOICI UNE PETITE CONSTRUCTION QUI AURA L'AVANTAGE DE VOUS OCCUPER tout en exerçant votre patience et en développant votre adresse. Il s'agit de faire tenir les 30 dames du jeu sur 4 dames indépendantes et posées de champ, comme l'indique notre dessin.

La solution du problème exige une série de combinaisons ingénieuses et même un peu compliquées ; aussi l'amateur qui essayera de le résoudre fera-t-il bien de se mettre en face d'un jeu de trictrac, et, pièces en main, de nous suivre pas à pas dans notre explication, qui sans cela semblerait forcément bien aride.

Posez à plat sur la table la dame centrale A, et sur le prolongement de deux diamètres perpendiculaires placez verticalement les dames 1, 2, 3 et 4, sur lesquelles vous vous proposez de faire tenir tout le jeu. Afin d'assurer leur contact avec le bord supérieur de A, il faut les caler provisoirement avec les 4 dames B C D E posées à plat sur la table.

Mettez maintenant horizontalement une dame K sur les bords des dames 1, 2, 3 et 4 ; sa face supérieure sera dans un plan tangent à ces quatre dames.

## Première rangée

Ceci fait, placez quatre dames de façon que leurs centres se trouvent respectivement au-dessus des centres des dames B C D E. Cela nous donne la première rangée horizontale. La seconde rangée s'obtiendra en plaçant quatre nouvelles dames horizontales sur les quatre précédentes, mais en alternant de façon que les centres des dames de la seconde rangée soient placés au-dessus des vides existant entre les dames de la première.

## Jusqu'à la cinquième rangée

Continuez ainsi en alternant jusqu'à la cinquième rangée, les dames des rangées impaires, qui seront par exemple les noires, se trouvant exactement situées les unes au-dessus des autres, et les blanches des rangées paires ayant également leurs centres sur quatre axes verticaux passant entre les vides des colonnes de rang impair. Les cinq rangées auront absorbé 20 dames.

Jusqu'ici, il a suffi d'opérer exactement d'après nos indications, sans rencontrer aucune difficulté. Mais voici où l'opération devient délicate. Il s'agit, en effet, non seulement d'enlever les dames B C D E servant de cales aux 4 dames verticales qui doivent seules soutenir l'édifice, mais encore de délivrer les deux dames A et K que ces dames B C D E tiennent enfermées. Comment faire ?

Débarrassons-nous d'abord des dames B C D E, faisons-en la sixième rangée horizontale, et occupons-nous des deux prisonnières.

Sur le plan du dessin, remarquez les chiffres 5 et 6 placés à côté des deux traits parallèles en pointillé : ces lignes vous représentent la position oblique qu'il faut donner provisoirement aux dames 2 et 3, en les faisant pivoter doucement avec le doigt. La dame K ne se trouvant plus soutenue tombe sur A, et les deux dames A et K peuvent être amenées au dehors par l'espace libre ainsi créé entre 2 et 3. A et K se placent au-dessus de la 6e rangée, au centre de la figure ; vous replacez 2 et 3 dans leur position primitive, et vous surmontez l'édifice des cornets du jeu de trictrac renversés l'un sur l'autre et supportant les deux dés.

J'espère qu'un grand nombre de nos lecteurs réussiront à exécuter cette petite construction, dont les fondations roulantes exigent de l'opérateur un peu d'adresse jointe à une grande légèreté de main.

# LE JAVELOT MAGIQUE

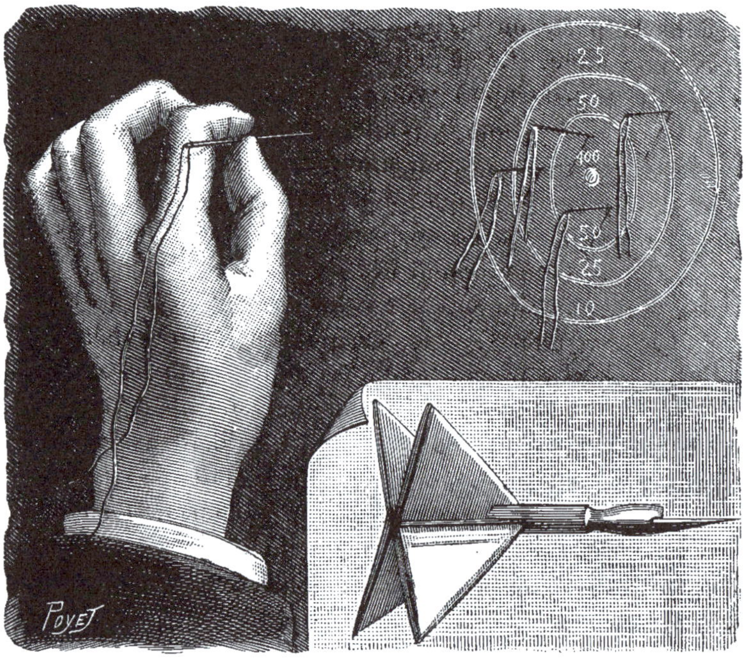


Prenez une aiguille à coudre dont la pointe soit bien acérée et de grosseur moyenne ; placez-vous à trois pas environ d'une boiserie quelconque, et, tenant l'aiguille entre le pouce et l'index, essayez, en la lançant fortement, de la clouer contre cette boiserie. Quelles que soient l'adresse et la persévérance déployées, vous ne pourrez y parvenir.

## Une merveilleuse adresse

Passez alors dans le chas de cette aiguille un simple bout de fil et vous réussirez chaque fois à la planter dans la porte ou la boiserie que vous aurez choisie comme cible. Le léger bout de fil que vous aurez ajouté transformera votre aiguille en une véritable flèche, et fera que la pointe, sous l'impulsion donnée, viendra frapper normalement l'obstacle contre lequel elle est dirigée, ce qui lui permettra de s'y fixer. Ce résultat, assez surprenant, ne manquera pas de provoquer l'étonnement des spectateurs et de vous attirer leurs compliments sur votre merveilleuse adresse.

## La plume à ailettes

Le physicien Comus, créateur de cette expérience, dissimulait le moyen employé d'une façon assez ingénieuse. Il faisait choisir parmi plusieurs fils de couleurs différentes celui dont on désirait qu'il fît usage, afin, disait-il, qu'on pût constater que c'était bien la même aiguille qu'on retrouvait fixée à la cloison.

Le fil, qui en réalité était tout le secret du tour, ne paraissait ainsi qu'un simple moyen de contrôle pour éviter toute supercherie. À rapprocher de cette expérience, celle de la plume munie d'ailettes en papier représentée à l'angle de notre dessin et qui a valu des pensums à bon nombre de collégiens préférant les expériences de balistique aux beautés de Virgile et d'Homère.

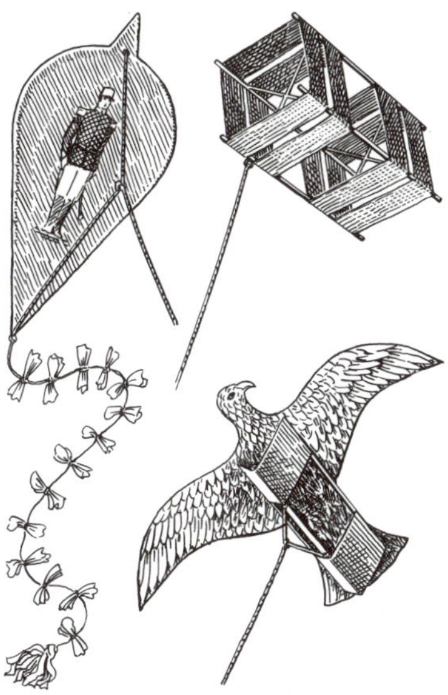

# LES PYRAMIDES DE VERRES

Il faut s'exercer d'abord à poser un verre sur l'autre de telle sorte que l'axe du verre supérieur soit sur le prolongement du bord de celui qui le supporte. Avec un peu d'habitude et en choisissant des verres rigoureusement semblables, vous arriverez à superposer ainsi non pas quatre verres seulement, comme on le voit à gauche de notre dessin, mais cinq, six et jusqu'à huit verres, sur une table bien de niveau.

## Équilibre stable

Le second exercice consiste à accrocher le corps d'un verre à pied sur le bord d'un autre ; vous serez surpris de la facilité avec laquelle on y arrive ; il faut que le pied du verre accroché touche le corps du verre qui le supporte. On a ainsi l'équilibre stable, représenté dans le dessin.

En arrière, on voit la manière de compliquer cette expérience par l'adjonction d'un troisième verre. Au premier plan, à gauche du dessin, j'ai indiqué la curieuse façon de poser deux verres l'un à côté de l'autre dans l'ouverture d'un troisième. Leur pied ne doit plus toucher le corps du verre inférieur ; ils sont complètement couchés sur celui-ci, et l'on est étonné de voir que, par suite de leur exacte juxtaposition, aucun des deux verres ne tend à rouler et à tomber à l'extérieur. Il n'y a pas là une expérience d'équilibre, mais plutôt un arrangement curieux.

## De plus en plus hardi

Avec les divers principes que nous venons d'exposer, et en vous enhardissant davantage, vous arriverez, grâce aux formes rigoureusement géométriques de vos verres, à les superposer de bien des façons différentes, et l'exécution de la pyramide située à droite du dessin ne sera plus pour vous qu'un jeu.

# LES TROIS VERRES POINTUS

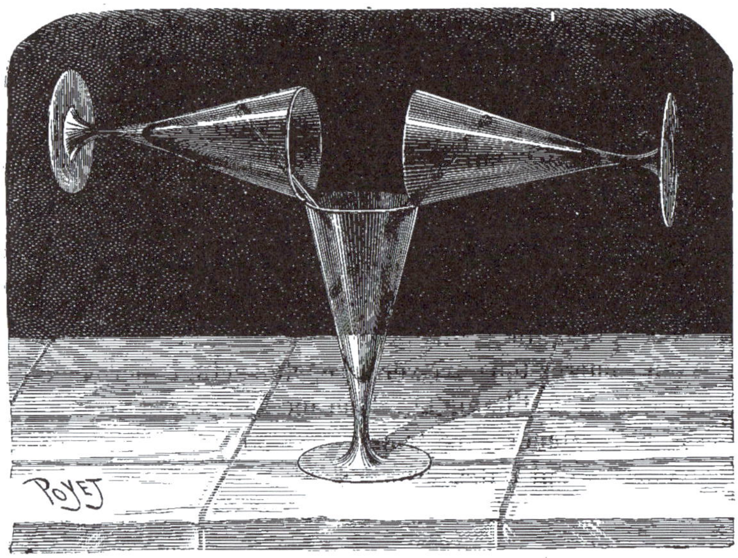


IL N'Y A PAS LÀ ÉQUILIBRE À PROPREMENT PARLER ; LA SINGULIÈRE POSITION DES DEUX VERRES SUR LE TROISIÈME S'OBTIENT À L'AIDE DE DEUX TIGES DE BOIS, DEUX MANCHES DE PORTE-PLUME par exemple. Posons l'un des verres sur la table et choisissons ceux qui se rapprochent le plus de la forme dite « flûtes à champagne ». Plaçons la baguette dans le second verre, et, en faisant varier le point d'appui de l'extrémité de cette baguette contre l'intérieur du verre, arrêtons-nous au moment où nous sentirons que le verre se maintient horizontal sans que nous ayons à le soutenir.

Plaçons alors dans le verre qui est debout l'extrémité de la baguette que nous tenons à la main, et, en faisant varier son inclinaison dans le premier verre, nous sentirons à quel moment elle se trouve accrochée. Nous aurons eu soin de maintenir, avec l'autre main, le pied du verre qui est sur la table ; autrement le poids du second, placé en porte-à-faux sur son bord, le ferait basculer. En plaçant une seconde baguette dans le verre de dessous et en y accrochant le troisième verre, nous rétablirons l'équilibre et nous pourrons abandonner le système à lui-même.

Vous pourrez tous arriver à répéter cette expérience ; avec beaucoup d'habileté, il ne me semblerait pas impossible de placer ainsi trois verres sur trois baguettes convenablement entrecroisées.

# LA BOUTEILLE SUR LES CLEFS

Après avoir choisi six clefs de grosseur décroissante, que nous numéroterons de 1 à 6 pour la facilité de l'explication, posez sur la table les pannetons des deux plus grandes, 1 et 2, et introduisez dans l'anneau de la clef 1 l'anneau de la clef 2, comme vous le voyez sur la figure.

Les deux clefs 1 et 2 feront entre elles un angle très ouvert, et, en appuyant la main sur les anneaux, vous vous assurerez que cet assemblage est solide et qu'aucune de ces deux clefs servant de base ne peut glisser sur la table. Engagez alors le panneton de la clef 3 dans l'anneau de 2, puis successivement ceux de 4, 5 et 6 dans les anneaux de 3, 4 et 5, et, en regardant par-dessus, veillez à ce que les axes de vos diverses clefs soient tous dans un même plan vertical.

Si les accrochages des pannetons dans les anneaux ont été faits avec soin, ce dont vous vous assurerez en appuyant sur la dernière clef (n° 6) qui couronne l'édifice, rien ne sera plus simple, surtout à ceux qui se sont familiarisés avec nos précédentes expériences d'équilibre, que de poser sur les anneaux des clefs 5 et 6 (ce dernier se présentant horizontalement et presque à plat) divers ustensiles, que vous choisirez les plus fragiles possible pour corser l'expérience : assiette, soupière, carafe, bouteille, etc.

La bouteille ne doit être qu'à moitié pleine, afin que son centre de gravité ne soit pas trop haut, ce qui augmente la stabilité de l'ensemble du système… ou plutôt en diminue l'instabilité.

# LE BOUGEOIR PORTE-MONTRE

NOTRE BOUGEOIR, REPRÉSENTÉ DANS LE DESSIN AU-DESSUS, N'EST PEUT-ÊTRE PAS D'UNE SUPRÊME ÉLÉGANCE ; MAIS DANS CERTAINS CAS IL POURRA, FAUTE DE MIEUX, NOUS RENDRE QUELQUES services. Prenez un bout de branche de sureau, ou encore roulez en cylindre, en le maintenant par un fil, un morceau de carte de visite.

Trois allumettes, dont les extrémités pénétreront légèrement dans le bas du cylindre, formeront trépied ; les trois autres, légèrement repliées en leur milieu et enfoncées dans le haut du cylindre, formeront le bougeoir proprement dit.

Une épingle recourbée, accrochée sur le bord supérieur, servira à accrocher votre montre, qui n'aura pas ainsi à souffrir du contact du marbre de la cheminée.

Dédié à MM. les chasseurs.

# LA PLUME DE ROBINSON

Un honorable industriel avait fait insérer dans plusieurs journaux l'annonce suivante :

> *« Contre la somme de 1 franc*
> *j'envoie la manière d'écrire*
> *sans plume ni encre !!!*
> *S'adresser… »*

Les lettres affluaient à l'adresse indiquée, et chaque amateur recevait, par retour du courrier, la réponse remarquable par sa laconique simplicité :

*« Prenez un crayon ! »*

En proposant à mes lecteurs de leur indiquer la manière d'écrire sans plume, je n'ai pas l'intention de rééditer la plaisanterie de ce trop facétieux personnage, mais bien de leur signaler une plume d'un genre nouveau, réunissant en elle toutes les qualités désirables, ainsi que vous allez pouvoir en juger, y compris celle du bon marché, puisqu'elle ne coûte absolument rien : dame Nature la met, en effet, à notre disposition sur presque tous les points du globe.

Ne la cherchez ni dans le règne minéral, qui nous fournit les plumes métalliques, ni dans le règne animal, auquel nous devons les plumes d'oie, aujourd'hui à peu près disparues, au grand désespoir de quelques adeptes fidèles ; la plume que je vous propose appartient au règne végétal, et peut être employée sans aucune préparation, telle que l'a produite l'arbre sur lequel elle pousse.

## La plume de Robinson

Notre plume, que nous baptiserons, si vous le voulez bien, *la plume de Robinson*, n'est autre que la double feuille du pin sylvestre ou du pin maritime. Les feuilles du pin, d'un beau vert foncé, sont menues et effilées, ce qui leur a fait donner le nom d'*aiguilles*, nom d'autant mieux choisi que chacune de leurs extrémités se termine par une sorte de petit ongle acéré...

## Une nervure creuse

En examinant de près une branche de pin, vous remarquerez que ces aiguilles sont réunies constamment deux par deux dans la même gaine, et, en les plaçant l'une contre l'autre, on voit que les extrémités des deux pointes aiguës dont j'ai parlé tout à l'heure se rencontrent exactement, par suite de leurs longueurs rigoureusement égales.

Enfin vous remarquerez que chacune des aiguilles possède une nervure creuse longitudinale, de telle sorte qu'en juxtaposant les deux aiguilles, venues dans la même gaine, elles se touchent par leurs bords, mais en laissant entre elles un vide cylindrique qui règne sur toute leur longueur. Voici maintenant comment ces diverses observations peuvent être mises à profit pour la fabrication de la *plume de Robinson*.

## Du lilas ou du sureau

Arrachez de la branche de pin une gaine portant deux aiguilles, et représentée au n°1 de notre dessin ; attachez les deux aiguilles l'une à l'autre par une petite ligature faite avec un brin de fil, tout près de l'extrémité pointue, comme on le voit au n°2. Voilà votre plume qui, munie de deux becs bien aigus et de même longueur, est prête à écrire tout ce que vous désirerez. Comme *porte-plume*, enfoncez tout le corps de la plume dans une branche d'arbre, de lilas ou de sureau par exemple, en ne laissant dépasser les deux pointes que d'un centimètre environ, ou mieux encore fixez-la dans un tuyau de pipe, comme l'indique le n°3 de notre dessin. Le renflement de la gaine empêchera son glissement dans l'intérieur du porte-plume improvisé.

Plongez maintenant votre plume dans un encrier, et, contrairement à ce que vous faites pour les plumes ordinaires, laissez celle-ci séjourner un certain temps dans le liquide ; par suite de la capillarité, l'encre montera dans le tube formé par la réunion des deux aiguilles, et votre plume finira par être assez gorgée d'encre pour qu'il vous soit possible d'écrire 20 ou 25 lignes sans avoir besoin de la replonger dans l'encrier !

Fine, souple, inoxydable, la plume que je viens de vous indiquer pourra tracer tous les spécimens d'écritures ; pleins et déliés, gothique ou anglaise, ronde ou bâtarde, n'auront pas de secrets pour elle.

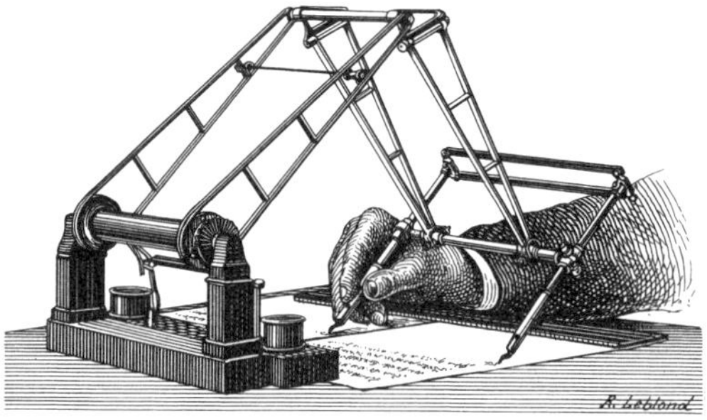

# LE CHAPELET DE NOISETTES

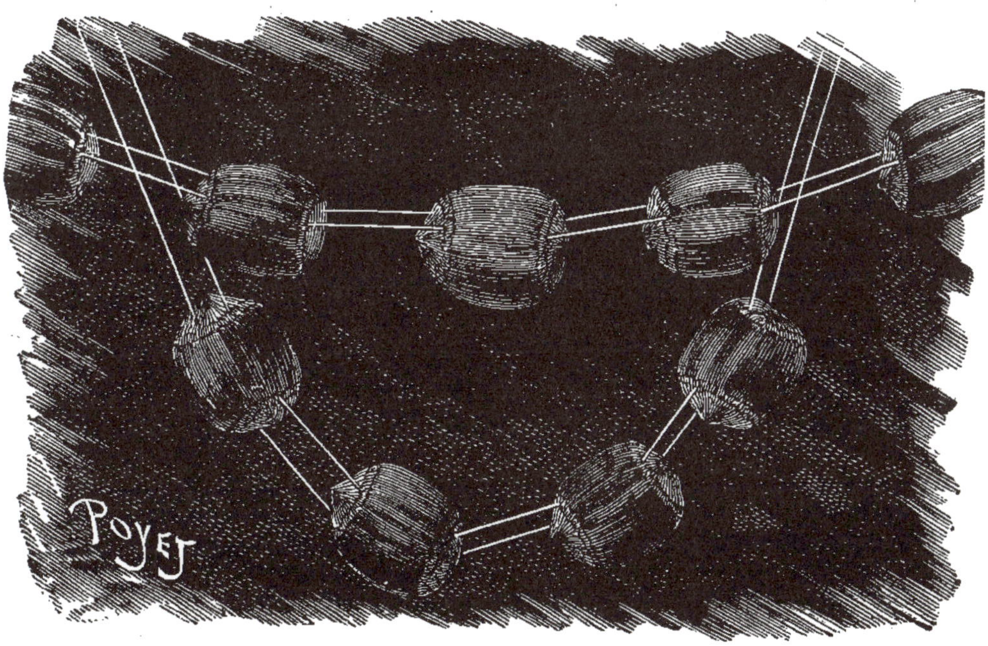


ENTRE L'ÉPIDERME COLORÉ EN BRUN DE LA NOISETTE ET LA COQUILLE PROPREMENT DITE IL EXISTE UNE CERTAINE QUANTITÉ DE PETITS CANAUX, QU'ON APERÇOIT EN FENDANT UNE noisette dans le sens de sa longueur.

Une extrémité de ces canaux débouche aux environs de la pointe de la noisette, l'autre sur la couronne circulaire de la partie teintée en gris. En grattant légèrement avec un couteau, on découvre les orifices de ces petits conduits ; rien n'est alors plus facile que d'y enfiler un cheveu fin.

## 35 cheveux

On peut traverser la coquille d'une noisette avec 35 cheveux, passant dans les 35 conduits de la coquille, dans lesquels on les fait pénétrer en les poussant légèrement avec le doigt lorsqu'on voit leur extrémité engagée dans l'orifice.

Un seul cheveu est assez résistant pour porter ainsi un certain nombre de noisettes, qui forment un chapelet d'un genre nouveau.

## À nos lectrices

Recommandations : employer des noisettes bien sèches, si l'on veut réussir. De plus, comme les cheveux ont un sens, puisqu'ils se composent d'une multitude de poils inclinés vers leur pointe, on aura soin de les enfiler toujours du côté de la racine. Nous dédions cette jolie récréation à nos lectrices, dont les cheveux fins et soyeux seront sans doute mis à réquisition.

# LA BOULE MAGIQUE

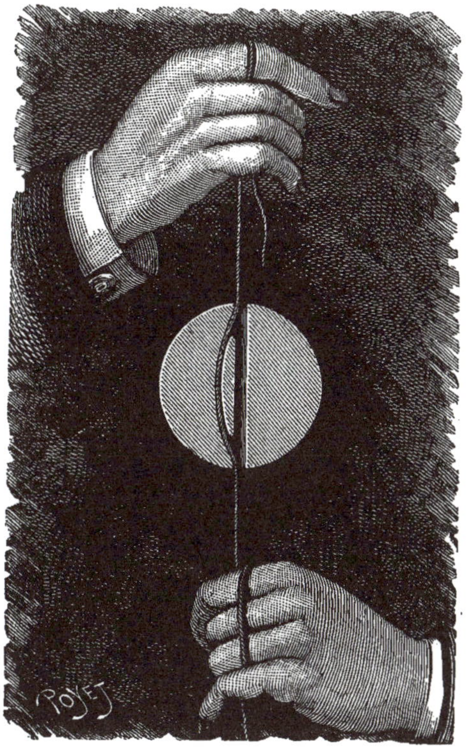


La *BOULE MAGIQUE*, INVENTÉE PAR ROBERT-HOUDIN, M'EST REVENUE EN MÉMOIRE À CAUSE DES NOISETTES. VOUS VERREZ TOUT À L'HEURE POURQUOI. CETTE BOULE, QUI S'EST VENDUE COMME joujou, était percée diamétralement d'un gros trou cylindrique, qui la traversait de part en part, et elle glissait facilement le long d'une ficelle enfilée dans ce trou.

## Énorme sphère

Mais qu'une personne initiée vînt à tenir les deux bouts de la ficelle, la scène changeait : loin de tomber, la boule descendait lentement le long de la ficelle, et s'arrêtait au commandement de la personne, pour ne reprendre sa descente que lorsqu'on le lui permettait. Ce tour, exécuté par Robert-Houdin avec une énorme sphère, avait toujours provoqué un vif sentiment de curiosité. Comment cela se faisait-il ?

## Descenseurs de sauvetage

Le dessin vous répond pour moi : outre le grand trou central, on avait pratiqué à l'intérieur de la boule un conduit courbe débouchant vers les deux extrémités du trou cylindrique. La personne connaissant le secret feignait d'enfiler la boule en faisant passer la ficelle par le trou du milieu, mais avait bien soin de l'engager dans le conduit circulaire ; elle ressortait ensuite à l'autre extrémité de la boule comme si elle la traversait en ligne droite. Dès lors, il suffisait de tendre plus ou moins la ficelle pour retarder ou arrêter la descente. C'est le principe de la plupart des descenseurs de sauvetage en cas d'incendie.

Mais la noisette ? me direz-vous. Eh bien ! La noisette peut servir à la même expérience : son canal courbe ressemble au conduit circulaire de la sphère ci-dessus ; en tendant plus ou moins le cheveu, vous ferez descendre la noisette à votre fantaisie, vous modérerez la vitesse de sa descente, et sur un ordre formel vous l'arrêterez tout à fait le long du cheveu.

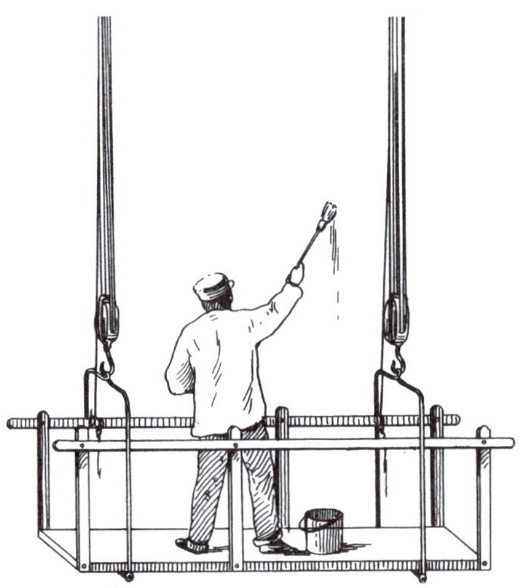

# LE VAPORISATEUR

VOICI UN APPAREIL ÉCONOMIQUE, PUISQU'IL NE COÛTE RIEN, NI COMME MATIÈRE PREMIÈRE, NI COMME MAIN-D'ŒUVRE, ET QUI PERMETTRA AUX DESSINATEURS D'INJECTER LEUR FIXATIF EN poussière liquide, aux ménagères de désinfecter les plus petits recoins à l'aide de liquides antiseptiques finement vaporisés aux élégantes enfin d'embaumer l'atmosphère de leur appartement par la pulvérisation d'un liquide parfumé.

Deux tuyaux de plume d'oie se touchant par leurs extrémités et enfoncés à angle droit dans un même bouchon dont on a enlevé le quart par une section verticale faite suivant l'axe sur la moitié de la hauteur, et par une autre section horizontale sur la moitié de la largeur, comme l'indique le dessin, voilà toute la construction de notre vaporisateur improvisé.

Placez le tuyau vertical dans un flacon d'opoponax (ou d'opopanax, pour ne pas nous brouiller avec Larousse), soufflez dans le tuyau horizontal, et vous obtiendrez un nuage odorant semblable à celui que produisent les vaporisateurs les plus compliqués.

# LA BOUGIE ÉTEINTE ET RALLUMÉE

DÉCOUPEZ, DANS DU CARTON MINCE, DEUX PETITES POUPÉES TENANT À LA BOUCHE UN TUYAU DE PLUME, UN CURE-DENT PAR EXEMPLE, DANS LEQUEL ELLES SEMBLENT SOUFFLER. Remplissez de sable les deux petits tuyaux, en laissant un vide à l'extrémité la plus éloignée des personnages.

Dans le vide de l'un des tuyaux placez quelques grains de poudre de chasse ; dans l'autre, un petit morceau de phosphore.

Les poupées ayant été ainsi préparées en secret, vous faites apporter une bougie allumée, et vous annoncez que l'une des poupées va l'éteindre et l'autre la rallumer.

Dès que vous approcherez de la bougie le tuyau à poudre, celle-ci s'enflammera et produira une minuscule explosion, suffisante cependant pour éteindre la bougie et rabattre la fumée vers la poupée tenue de l'autre main. La chaleur de cette fumée suffira pour allumer le phosphore, et en mettant le tube qui le contient à une distance convenable de la mèche, la bougie se rallumera.

Cette expérience ne doit pas être préparée par des mains inhabiles : la poudre et le phosphore demandent, en effet, à être maniés avec précaution ; mais il serait possible de fabriquer des cartouches en papier mince contenant une petite proportion de ces substances, et qu'il suffirait de mettre au bout des tuyaux au moment voulu.

# PASSER À TRAVERS UNE CARTE À JOUER

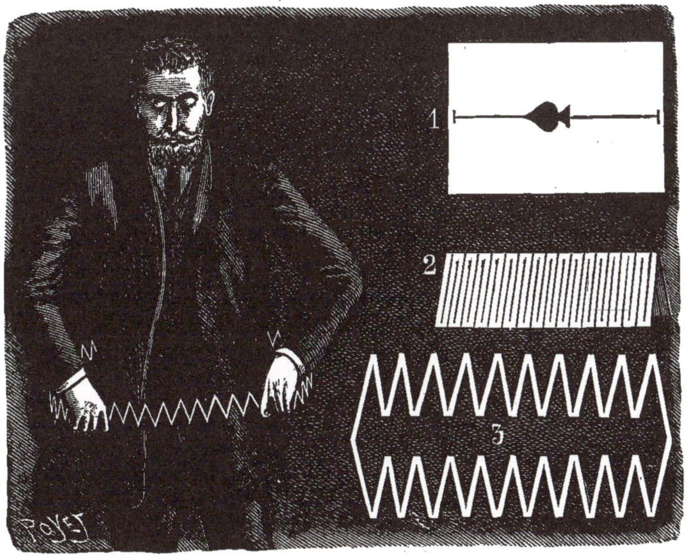


DANS UNE SOIRÉE D'AMIS OÙ L'ON VIENT DE S'OCCUPER DE TOURS DE CARTES, LORSQUE VOUS VERREZ LA SÉRIE PRÈS DE S'ÉPUISER, PROPOSEZ À L'OPÉRATEUR DE LE FAIRE PASSER LUI-MÊME TOUT entier à travers une carte à jouer. Il vous répondra que cela n'a rien de difficile si la carte a des dimensions suffisantes ; mais le problème semblera plus compliqué si vous annoncez qu'il s'agit d'une carte à jouer de dimension ordinaire. Et, pour ne pas le faire chercher trop longtemps, vous prenez une carte dans laquelle vous faites une fente longitudinale s'arrêtant près des bords, comme l'indique la figure 1 du dessin.

Vous repliez la carte en deux suivant cette fente, et, à l'aide de ciseaux, vous y faites les entailles indiquées figure 2.

En rouvrant alors la carte, et en tirant sur ses extrémités, vous la voyez alors se transformer en une longue bande extensible, composée de petites lames qui font entre elles un angle de moins en moins aigu à mesure que vous opérez la traction indiquée ci-dessus. Et voilà comment vous pouvez passer à travers une carte à jouer et exécuter un tour de carte offrant ceci de particulier que, au lieu que ce soit vous qui fassiez le tour de carte, c'est au contraire la carte qui fait le tour… de vous.

# LES MOUVEMENTS INCONSCIENTS

CHOISISSEZ PARMI LA SOCIÉTÉ LA PERSONNE LA MOINS DISPOSÉE À CROIRE AUX TABLES TOURNANTES, AUX ESPRITS FRAPPEURS, ETC. ; PRIEZ CETTE PERSONNE D'APPUYER SOLIDEMENT SA MAIN SUR LA table, en tenant un couteau.

Fendez une allumette à l'extrémité opposée au phosphore ; taillez une seconde allumette en biseau et emmanchez l'une dans l'autre les deux extrémités de façon à former un V à angle très aigu. Mettez ces deux allumettes à cheval sur la lame du couteau, en recommandant à l'amateur sceptique de maintenir la lame bien horizontale, et de régler la position de sa main de manière que les deux bouts phosphorés des allumettes touchent légèrement la table, et sans jamais la quitter.

Au grand étonnement de l'assistance et de l'opérateur, on voit les allumettes se mettre en marche le long de la lame. Ceci est dû à des mouvements inconscients de la personne qui tient le couteau, mouvements invisibles pour elle et pour le public.

Pour rendre l'expérience plus attrayante, vous pouvez briser légèrement les deux allumettes en leur milieu : elles figureront les jambes d'un cavalier dont le buste, découpé dans une carte de visite, sera maintenu dans une fente pratiquée au sommet de l'angle des allumettes.

# L'OMBROMANIE

AVANT DE PRENDRE CONGÉ DE MES LECTEURS, JE DÉSIRE LEUR SIGNALER QUELQUES NOUVELLES FIGURES, COMPOSÉES AVEC LES MAINS ET QUELQUES ACCESSOIRES TRÈS SIMPLES, ET DONT l'ombre, projetée sur le mur ou sur un écran, en interposant les mains entre cet écran et une lumière, nous permettra de reproduire d'amusantes silhouettes de personnages ou d'animaux.

Ces figures ont été récemment créées par un équilibriste fort habile, Trewey, bien connu du public parisien.

Nous voici bien loin du classique *petit lapin* que l'on fait courir sur le mur pour amuser Bébé. Ici, la perfection est telle que les grands enfants sont les premiers à admirer et à applaudir.

## Le cygne

Regardez le cygne au col flexible, glissant paisiblement à la surface des eaux, tandis que le vent souffle dans les plumes écartées de ses ailes ; le voilà maintenant qui tourne la tête, pour lisser coquettement son beau plumage.

## Le cheval de course

Un bout de ficelle, un morceau de carton, voilà tous les accessoires nécessaires pour représenter un cheval de course lancé à fond de train par son jockey intrépide ; en un clin d'œil homme et bête disparaissent pour faire place au tranquille éléphant du Jardin des Plantes dont la trompe, toujours mobile, fait ample provision de petits pains et de friandises.

## L'éléphant

## Le chien

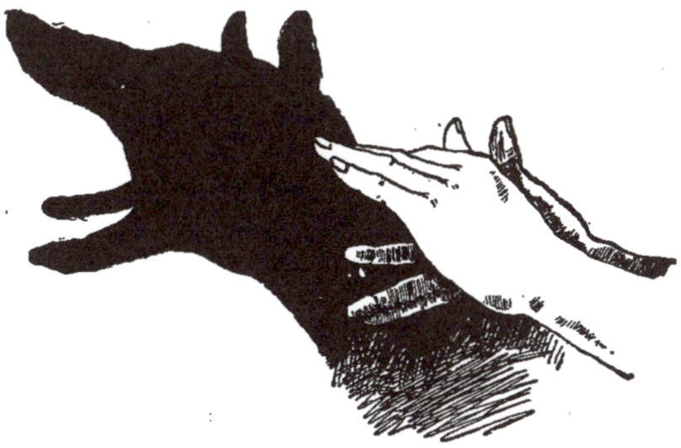

Viennent ensuite : le chien se précipitant sur un morceau difficile à avaler, que nous voyons un instant après descendre péniblement dans son gosier...

## Le vieil avocat

... le vieil avocat expliquant aux juges le défaut de l'argumentation de son adversaire.

## Le chat

Voici le chat, dont le corps est formé par un coin de manteau drapé autour du bras ; remarquez le profil de la tête, aux oreilles mobiles, figurée par l'une des mains, tandis que l'index de l'autre main représente la queue frétillante de Minet, procédant à une toilette consciencieuse.

## Le réserviste

Voilà maintenant le réserviste à l'air martial, dont les grimaces amusent fort l'assistance.

## Le curé dans sa chaire

De la caserne passons à l'église. Voici la chaire, figurée par le bras de l'opérateur auquel est attaché un carré de bois ; le prêtre y monte, et nous devinons, à la vivacité de ses gestes, qu'il est loin d'être satisfait de son troupeau.

## Le danseuse de corde

Il est remplacé par la sémillante danseuse de corde, aux jambes agiles ; après les saluts au public, elle fait le simulacre de frotter ses pieds de blanc d'Espagne, puis s'élance sur le fil tendu, pour y exécuter, aux sons de l'orchestre, ses plus gracieux exercices.

Chacun de nos lecteurs pourra s'exercer à reproduire, plus ou moins fidèlement, les personnages que nous venons de passer rapidement en revue. Voilà, pour les soirées d'hiver, une récréation toujours variée et ne nécessitant aucun appareil spécial. C'est à ce double titre que nous la signalons, en terminant, aux lecteurs et lectrices de *la Science amusante**.

* Titre de la première édition parue en 1890 *(note de la nouvelle édition)*.

Imprimé en Espagne par Estellaprint
Dépôt légal : septembre 2017 – 320205/01
N° de projet : 11036198 – septembre 2017